小学生优秀课外读物

如何塑造出完美的自己

做优秀的自己

姜忠喆　竭宝峰◎主编

辽海出版社

责编:刘波

图书在版编目(CIP)数据

做优秀的自己/姜忠喆,竭宝峰编. − −沈阳:辽海出版社,
2015.11

ISBN 978 − 7 − 5451 − 3586 − 2

Ⅰ.①做… Ⅱ.①姜… ②竭… Ⅲ.①成功心理 − 青
少年读物 Ⅳ.①B848.4 − 49

中国版本图书馆 CIP 数据核字(2015)第 282438 号

做 优 秀 的 自 己

姜忠喆,竭宝峰/主编

出版:辽海出版社	地址:沈阳市和平区十一纬路 25 号
印刷:北京华创印务有限公司	字数:480 千字
开本:880mm×1230mm 1/32	印张:40
版次:2016 年 4 月第 1 版	印次:2016 年 4 月第 1 次印刷
书号:ISBN 978 − 7 − 5451 − 3586 − 2	定价:168.00 元(全 8 册)

如发现印装质量问题,影响阅读,请与印刷厂联系调换。

前　言

　　浓缩传统智慧精华的成长故事,可以使我们获得来自心灵的启示,让我们拥有人生的大智慧,甚至可能改变一个人的命运。一则好的故事可以教育我们知晓生存的意义;一则好的故事可以让我们以新的方式去体会大千世界、芸芸众生;一则好的故事可以改善与他人的关系,怡人性情。在面临挑战、遭受挫折时,读读这些故事,相信你能从中汲取力量;在烦恼、痛苦和失落时,读读这些故事,相信你能从中获取慰藉;读读这些故事,相信你能鼓起梦想的风帆。

　　为此,我们辑录成书——《做优秀的自己》,全书共八册,多以古代传统故事组合形式各自独立成篇,选取最有代表性的加以编排整理,在每一则故事的后面,我们都配有简短的点评,希望能给本书的读者一点点帮助。但我们深深知道,故事所包含的智慧远远不止这一点点,不同的人可能有不同的见解,仁者见仁,智者见智。我们只希望小小的点评可以起到抛砖引玉的作用,通过读者自己的思考融会贯通,以求得对自己全面的、系统的了解。切忌断章取义,只抓住一句话就作判断、下结论。我们相信读者能从故事中感知到更多的人生成长启示。

关于本书的辑录

1 感恩——我怀感恩的心

人，要常怀有一颗感恩的心，去看待我们正在经历的生命，悉心呵护。我们应该感恩出现在生命中的人、事、物，是他们让生命更有意义，显示出生命别样精彩。

2 宽仁——我学宽厚仁爱

人，活在世上就要学会宽仁，学会原谅别人，这是一种文明、一种胸怀，对人宽仁心胸宽广，帮助别人快乐自己。别人若是不小心犯了错误，而不是明知故犯，就要原谅；对朋友要热情，遇到需要帮助的人一定给予帮助，凡事往好的方面设想，多看到别人的优点，不贬低别人。

3 正直——我要正直诚信

正直是我们的一种优秀品德。正，就是说话做事正确，坚持正义去主持公道。这样的人就会得到别人的爱戴，这样的人就有了一身正气、一身正能量。

4 责任——我来管好自己

责任就是能担当，就是接受并负起职责。对于我们就是首先要管好自己、对自己负责，这样才能走向成功，相反的就会误人又害自己。这就需要我们有十足的信心和勇气好好用知识来提高自身的素质。

5 尊重——我会尊重别人

尊重是人与人之间和美相处的前提，尊重别人才能赢得别人对自己的尊重，尊重别人就是尊重自己。你对别人的尊重会在那个人心中留下美好的印像；那么，别人也会好好对待你。

6 勤奋——我也可以最棒

生命中能有所成就，靠的就是勤奋。一分耕耘一分收获，只有辛勤的付出才有喜悦的收获，不要以为自己比别人聪明就不需要勤奋学习，那样做只会使自己退步。只有坚持不懈的努力学习，我们才能成功。

7 自信——我能面对艰难

自信就是一种思想、一种感觉，就是对自己的肯定。拥有了自信就拥有了力量，我们可以时时暗示自己：我能行；我是最棒的；我不退缩不恐惧就一定能成功；我会更加优秀的。学会欣赏自己、表扬自己，找到自己的优点、长处来激励自己。

8 乐观——我想快乐无忧

人，在任何情况下都应该保持乐观的心态。乐观对待事物，我们的生活才可以无忧无虑，才能轻松愉悦。面对生活中的种种难处都要乐观面对，以平淡和乐的想法去处理，这样你的一切就会充满阳光。

目录

第一章
学会在生活中的平衡

人生如同走平衡木。人一出世，就跳上了平衡木，然后调动自己的平衡器官，翻滚、跳跃、回旋、前进，从始端至末端，直到跳下平衡木，进入另一个世界。

平衡是人生的艺术，平衡术高超的人，格外潇洒、坦然、坚韧、乐观。我算不上平衡高手，自习平衡，虽不自如，但也有些许体验，练就几法。

自慰法。如果把人的神经比作项链，功名利禄便是系在项链上的坠子，人的不平衡常常起因于有无坠子或坠子大小。但人生多有不如意事，关键是要善于平衡，不为功名利禄所累，不做它们的奴隶。我同意有位学者的观点，遗忘是一种能力，一种追求，一种境界，把该忘的忘掉，该记住的记住。我的法则是战胜健忘，学会遗忘。鲁迅说："我们都不大有记性，这也无怪，人生痛苦的事太多了。"人活一世，疾病的折磨，生活的窘迫，公开的压制，暗中的非难，善良的误会，恶意的中伤等等都会遇到，如果把这些人生"难念的经"都记得死死的，人生的负荷岂不重于泰山？别人说了你几句坏话，你耿耿于怀又有何用？还不如忘记的好，忘记那些恩恩怨怨、吃亏委屈、闲言碎语。这种忘记，不意味着背叛，而是一种洒脱。

"报复"法。中国是盛产嫉妒的国度，有点本事、有点成就的人，往往遭妒火烧烤，一生难得平安。我对于嫉妒，办法是"报复"。"报复"之法是："以自己的成功让对手感到惭愧。"你不行，我行；你行，我比你更行。嫉妒的人中，不乏善搞阴谋者。"干正事的人斗不过搞阴谋的人，因为你整天干正事，忙得很；他什么也不干，专搞阴谋，你没有戒备啊！"因此，遇到搞阴谋的人，不能光在那里愤愤不平，生闷气，而应拿出优异的成绩，叫他气得肚子痛。这就是心理平衡，各有其道的艺术。

人为什么活着？这是一个古老而又富有新意的问题。我不知道别人为什么活着，我活着的目的很简单：不辜负生命。

——读书札记

周公一饭三吐哺

周公,周文王的儿子,周武王的胞弟,名姬旦。因他的采邑在周(今陕西岐山东北),又称他为周公。

周公在少年时代,就以仁孝闻名于宫内,上上下下都很喜欢他。文王死后,武王继位,周公辅佐武王灭了商朝,建立了西周。

武王登上王位之后,为了加强对全国的统治,进行了大规模的分封,把同姓贵族、异姓贵族以至商的后裔分封为大小不同的诸侯。武王把周公封在鲁(今山东西南),都城在曲阜。但武王仍需周公在身边辅政,周公的儿子伯禽便代替父亲为鲁君,而周公则留在武王身边帮助武王治理国家。

周公深知父亲文王,胞兄武王礼贤下士的美德,所以在辅佐武王时,十分谦虚恭谨,礼遇贤士。

武王在灭商后的第二年就病死了。武王的儿子诵继位,为成王。当时成王年龄小,尚不能独立执政,加上周朝刚刚平定了天下,周公恐怕诸侯叛乱,就代成王摄理国事,主持政务。

周公执政,真可谓竭尽忠诚,鞠躬尽瘁。天下初定,百废待兴,该做的事情非常多;再加上周公礼贤的美名早已远播,所以大家有什么都来找周公。有反映问题的,有出谋划策的。上至大臣,下至百姓,络绎不绝。周公府前常常是车水马龙,门庭若市。而周公呢,不管怎么忙,对来访者从不怠慢。无论是正在休息,还是正在吃饭,他都马上接待。常常是洗一次头,要三次停下来会见客人;

吃一顿饭要三次把嘴里的饭吐出来与来人交谈,这就是典故"一沐三握发,一饭三吐哺"的由来。

由于周公能广开言路,他才得以采纳了许多好建议,尽心尽力辅佐成王。不仅如此,他还告诫自己的儿子,要在鲁国谨慎从政,不要以为自己是国君,就轻视下面的人。

后来,周公的弟弟管叔和蔡叔怀疑他别有所图,便会同纣王的儿子武庚作乱,背叛了周室。周公奉了成王之命,讨伐他们,诛杀了武庚、管叔,并放逐了蔡叔,并灭掉了随同叛乱的东方诸国。

周公代行王权七年之后,成王已能独立执政,周公便把政权交给了成王。之后,他便以大臣的身份,和普通大臣一样出入朝中,从不居功自傲。

周公成了历代贤相的楷模,对后世影响很大。

人生箴言

种树者必养其根,种德者必养其心

——王守仁《传习录》

成长启示

种树一定要注意培育好它的根部,培养道德一定要注重思想修养。

孟母教子以礼

孟子年幼的时候,家住墓地附近。他就常到那里去玩耍,和小朋友们一起,做一些模仿成人送葬一类的游戏。

孟母发现后,认为这地方不利于孩子的成长!于是就迁居到一个闹市的附近。可孟子在玩耍时,又学起小贩子沿街叫卖的事来。孟母说:"这也不是孩子应住的地方啊!"又迁居到学堂的附近。这时,孟子在玩耍时就学起祭祀、打躬作揖的礼仪来。孟母说:"这个地方可以让我儿子住了。"母子两人,就在这里定居下来。

在母亲的督促下,孟子成了当地有声望的学者,也有了妻室。一次,妻子在屋里坐着休息,随意将两条腿叉开。孟子外出回来,一眼看见妻子这种姿势,转身去找母亲,气哼哼地要休妻。孟母被这突如其来的举动弄愣了,便问为什么,孟子回答说:"她坐着的时候把两腿叉开,像个什么样子。"孟母追问:"你怎么知道她坐着的时候是把两腿叉开的呢?"孟子回答说:"是我亲眼所见嘛!"

孟母严肃地教导他说:"这不是你妻子没礼貌,而是你没礼貌。《礼记》上不是说了吗?进门时,先要问谁在里面;上堂时,要高声说话,给个知会;进屋时,眼睛应该往下看。这样可以使人在没有防备时,不至于措手不及。现在你到她休息的地方,进屋前也不说一声,她那样坐着让你看见了,这是你没有礼貌!"

孟子听了母亲的一番话,仔细品味自己的言行,感到很惭愧。他更加虚心求学,以礼仪规范自己,成为声望仅次于孔子的亚圣。

人生箴言

> 凡人之所以贵于禽兽者,以有礼也。
>
> ——《晏子春秋·内篇谏上二》

成长启示

> 人之所以比动物高贵,是因为人有道德礼节。

中山君有感于礼

中山君是战国初期一个小国的国君。一次,他为了笼络士大夫,以便巩固他的统治地位,便设下盛宴,真诚邀请住在国都的各位士大夫们前来参加。

有个名叫司马子期的士大夫也来了,因为来的较晚,人年轻,地位不高,只好坐在空下的末座上。大家喝着美酒,吃着野味,谈论着时政,兴致很高。酒过三巡,上羊肉汤了,每人一碗,唯独到司马子期坐前,羊肉汤没有了。

司马子期坐在席间,丢了面子,觉得十分难堪。于是,异常恼怒,愤然起身,退席而走。他投奔楚国,劝楚王讨伐中山君,自己做向导。

楚国是大国,兵强马壮。楚军与中山国的军队刚一交锋,中山国就溃不成阵,中山君仓惶逃跑。途中,有两个手持武器的人,始终紧紧跟随着,不惜流血受伤,拼着性命保护着他。中山君很纳闷,问:"你们是什么人,为啥不顾自己,出死力保护我呢?"

这两个人回答说:"大王您还记得吗? 有一年夏天,麦子歉收,我们的父亲饿得躺在大路旁的桑树下边,眼睛都睁不开,眼看就要死了。这时,您路过,看到我们父亲的惨状,赶紧下车,拿出一壶稀饭,给我们的父亲喝了,父亲才免于饿死。后来父亲在临终时嘱咐我兄弟说:'中山君救我一命,你们要记住,日后中山君有难,定要以死相报。'我们这是礼尚往来,报答您的大恩啊!"

做/优秀的/自己

中山君听完后，仰天长叹，说："给予人家的东西不论多少，主要是在他真正有困难的时候；失礼得罪人，怨恨不在深浅，在于使人伤心啊。我因为一碗羊肉汤失礼了，结果失掉了国家；因为一壶稀饭救了一个人，在危难之时得到了两人以死相报！礼仪仁爱，多么的重要啊！"

人生箴言

> 夫人必知礼然后恭敬，恭敬然后尊让
> ——《管子·五辅》。

成长启示

> 人一定要懂得"礼"以后才能产生恭敬之心，产生恭敬之心后才会有所尊敬，有所礼让。

8

萧何月下追韩信

公元 206 年初春的一个夜晚,凉意袭人,银盘似的一轮明月,高高地挂在天空,向大地洒下一片银辉。

南郑郊外崎岖的山道上,一位年过半百、身着丞相袍服的长髯老者在扬鞭策马。

"韩都尉! 韩都尉!"老者边策马赶路,边高声呼唤。原来他就是汉初有名的丞相萧何。此时他正在追赶一位名叫韩信的青年军官。

这韩信,淮阴人氏,幼年家贫。但他穷不丧志,刻苦读书练剑,期待有朝一日,成就一番事业。

当项梁率部起义之后,韩信投奔了项梁的队伍,项梁死后,他又跟了项羽。项羽让其当了一名小小的郎中。韩信几次向项羽献计,项羽根本不予采纳。于是韩信弃楚投汉,刘邦仍只让他做了个小官。韩信见自己不被重用,不免有点牢骚。

一天,他和 13 个伙伴一起喝酒,酒后失言,有人报告了汉王。刘邦疑他谋反,便把韩信等 14 个全部逮捕下狱,判成死罪。

行刑那天,刑场上已有 13 颗脑袋滚落地上。轮到韩信了,他面不改色,大声呼喊道:

"汉王不是要打天下吗? 为什么要杀壮士?"

监斩官夏侯婴吃了一惊。见韩信状貌奇伟,便动了怜才之心。他和韩信一番交谈后,对韩信的才干大为赏识,便说服汉王,赦免了韩信,并提升为治粟都尉。都尉虽比原来的官职高一级,但韩信仍无法施展自己的军事才能。

丞相萧何一贯是个爱才之人。他听说后,便把韩信请去谈话,韩信果然谈得头头是道,见解独特。萧何好不高兴,当面称赞他是个将才,并保证向汉王推荐。

谁知汉王并不认为韩信有什么独特的才能,迟迟不予重用。这使韩信心灰意冷,决心离开汉王,另谋出路。

一日晚饭后,韩信悄悄地打点好行装,骑上马偷偷地逃出了军营。

"韩都尉单骑逃出东门!"城门官急忙报告萧何。

萧何一听,如失至宝。他来不及报告刘邦,便跳上一匹快马追去。

追呀,追呀,他一路问,一路追,一直追到天黑,追得月亮爬上了山头,追得快精疲力尽时,方见前面的小河边,一人正牵马饮水。萧何喜出望外,赶上去一看,正是韩信。

萧何翻身下马,拉住韩信,让跟他回去。韩信不肯,萧何极力劝说,并说因自己尚未向汉王保荐,才致使都尉委屈。韩信见萧何言词恳切,方才跟他一起回到南郑。

刘邦终于被萧何说服,筑坛拜韩信做了大将。

韩信果然是一位了不起的军事人才。在楚汉战争中,他百战百胜,建立了奇功,成了汉朝的开国功臣。汉朝建立后,被封为楚王。

人生箴言

民习礼义,易与为善,难与为非。
——苏辙《李之纯宝文阁直学士知成都府》

成长启示

人民学习了礼义之后,就容易去做好事,而不容易去做坏事了。

刘备三顾茅庐

东汉末年,朝政日非,天下分崩,群雄逐鹿。中山靖王刘胜之后刘备(字玄德),以匡扶汉室为己任,在涿县(今属河北省)起事。起初刘备兵微将寡,先后投靠孙瓒、陶谦、吕布、曹操、袁绍。后依附荆州刘表,屯兵新野。为成就大业,他求贤若渴。经徐庶介绍,欲求隆中奇士诸葛亮。

诸葛亮,字孔明,其时,正隐居在襄阳城外20里的隆中(今湖北省襄樊西20里)与其弟诸葛均躬耕于南阳。因所居之地有一岗,名卧龙岗,故自号"卧龙先生"。此人乃绝代奇才,被誉为周之吕望,汉之张良。

一天,刘备兄弟三人带了厚礼,来到隆中,但见山青水秀,地坦林茂。刘玄德赞叹不已。走到庄前,刘备下马亲叩柴门,恭敬求见,不巧,诸葛亮出门去了。刘备怅然而归。

三人回到新野。过了数日,玄德派人探得孔明已回,急忙教人备马前往。张飞不满道:

"量他一个山野村夫,何劳哥哥亲往,派人把他叫来不就行了吗?"

玄德斥道:"孔明乃当世大贤,怎么可以随便召之呢?"于是上马再访孔明。

时值隆冬,天气严寒。行了没几里路,忽然朔风凛凛,瑞雪霏霏,不一会儿,山如玉簇,林似银妆。张飞道:

"天寒地冻,连打仗都忌讳的鬼天气,怎么偏要远行去见一个无用的人呢?不如回新野以避风雪。"

玄德正色道:"我正想让孔明知我殷勤之意,此等天气,正是机会。"

兄弟三人顶风冒雪,经过大半天的艰难跋涉,终于来到了隆中。庄前下马,刘备又亲自叩门,问道:

"先生今日在庄否?"

"家兄昨天应人之邀闲游去了。"诸葛亮之弟诸葛均回答说。

"何处闲游?"刘备急问。

诸葛均答道:

"有时驾一叶小舟行于江湖之中,有时访僧道于山岭之上,有时寻访朋友于村落之间，有时操琴下棋于洞府之内，往来莫测，不知去所。"

刘玄德更加怅然道：

"刘备真无此缘分，两番不遇大贤。"说完，遂向诸葛均借了纸笔，留书一封，然后拜辞而回。

光阴荏苒，转眼间已是早春。刘备选定吉期，斋戒沐浴，欲再往卧龙岗拜谒孔明。

三人来到隆中，离草庐还有半里之地，刘备便下马步行。等叩门时，家僮说：

"今日先生虽在家，但在草堂上昼寝未醒。"

"既然如此，暂且不要通报。"刘备吩咐关、张二人在门外等候，自己则恭立阶下。半响，先生还未醒来。关、张二人在外久立，不见动静，早已有些不耐烦了。张飞闯进来大怒道：

"这先生如此傲慢，我大哥侍立阶下，他竟高卧，推睡不起。我去屋后放把火，看他起不起！"

关羽再三劝住，刘备仍命二人在外耐心等候。刘备再望堂上时，见先生翻身将起，正想见礼，不想先生忽又朝里睡去。家僮欲叫醒先生，刘备急忙止之。又立了一个时辰，孔明方才醒来。诸葛亮翻身问家僮道：

"有俗客来否？"

"刘皇叔已在此立候多时。"

"何不早报，尚容更衣。"诸葛亮说完，乃懒洋洋地起身，转入后堂，又半响，方才整冠出迎。

诸葛亮感念刘备三顾茅庐之恩，遂提出了著名的"隆中对策"，后又出任刘备的军师,蜀汉政权的丞相,为蜀汉政权的建立和巩固立下了汗马功劳。

人生箴言

> 礼之始作也,难而易行;既行也,易而难久。
>
> ——苏洵《乐论》

成长启示

礼制开始建立难,但实行起来容易,实行起来容易,但长期坚持难。

朱元璋慕贤访朱升

　　元朝末年,统治者的残酷压榨激起了人民的强烈反抗,各地义士纷纷举事。1351年,刘福通领导的红巾军起义在颍州爆发,农民积极响应。安徽凤阳人,穷苦和尚朱元璋投奔了红巾军。他努力作战,屡建奇功,后来做了红巾军的主帅。

　　朱元璋礼贤下士,广揽人才,战事节节胜利。1357年,朱元璋率领义军打下了徽州(今安徽歙县),被百姓们迎进城里。一天饭后,朱元璋正与将士们闲谈,大将邓愈道:

　　"大帅不是想访求贤士吗? 听说附近休宁有个朱升,饱览群书,是徽州一带很有名气的贤士,大帅何不访他一次?"

　　朱元璋求贤若渴,当即决定立刻动身前去拜访朱升。有人却不以为然地说:

　　"山野之人,有何高见,何劳大帅亲临,把他请来就是了。"

　　朱元璋勃然变色道:

　　"欲成大事必以礼贤为先,君不闻刘备三顾茅庐的故事吗?"

　　说完,立刻带邓愈离开帅帐,拜访朱升去了。

　　朱元璋一行快马加鞭,约摸两个时辰后便来到了朱升的家门口。

　　朱元璋轻叩门环,见一位儒士出来开门,忙向前施礼道:"请问,先生可是休宁名士朱升?"

　　儒士打量了朱元璋一番,只见人身着戎装,头裹红巾,腰佩宝

剑,气宇轩昂,料定是红巾军的首领。于是答道:

"敝人正是朱升,不知将军尊姓大名?"

邓愈忙上前一步介绍说:

"他就是攻克徽州的红巾军主帅朱元璋。"

朱元璋马上接着说:

"我本起自乡里,原也是个平民,为了推翻元朝的残暴统治,拯救百姓而举起义旗。久闻先生贤名,今特来拜访,并叩问大计。"

朱升听说眼前这位就是赫赫有名的朱元璋,连忙将他们让进屋里。

朱元璋见到朱升,就像是见到了多年未见的老朋友,亲切地与之攀谈起来。朱升也觉得朱元璋平易近人,胸有大志,将来必成大业,于是也侃侃而谈,审时度势,入木三分。好多见解是朱元璋从未听过的,极为深刻。朱元璋听了连连点头称是。一番交谈之后,二人从相见到相知,从相知到相慕,大有相见恨晚之感。

最后,朱元璋就他如何才能打下天下问计于朱升。朱升早已洞悉了朱元璋打天下的雄心壮志,于是沉思了片刻,答道:

"以敝人之见,主帅要想成就大业,目前要遵循三句话,'高筑墙,广积粮,缓称王。'做到了这三条,元帅霸业可成。"

朱元璋琢磨良久后,大悟道:

"好一个'高筑墙,广积粮,缓称王',先生真是立言警策,重如泰山!操练兵马,积蓄实力;奖励农耕,广积食粮,讳早锋芒,勿早树敌。先生见识宏远,实在是宏远哪!"

告辞时,朱元璋再三向朱升拜谢。后来,朱元璋牢记朱升的三策,果然势力不断扩大,终于做了明朝的开国皇帝。

人生箴言

名节重泰山,利欲轻鸿毛。

——于谦《无题》

成长启示

名誉和气节比泰山还要重,利益和欲望比鸿毛还要轻。

范武子教子崇礼

春秋时,晋国有个中军元帅叫范武子。此人虽身居高位,却从来不摆架子,对人十分谦恭有礼。范武子不仅自己注重道德修养,而且经常教育儿子讲文明、懂礼貌,谦虚谨慎,宽以待人。

范武子年老退休以后,儿子范文子接替他在朝中做了官。可范武子并未因此而放松对儿子的教育。

有一天,范文子回家晚了,范武子就问儿子:

"朝中出了什么事,回来这么晚?"

范文子带着骄傲的口气回答说:

"今天来了几个秦国的客人,他们出了一些隐晦难解的问题让我们回答,朝中那些官员都回答不上来,我答了三个。"

谁知范武子听了儿子的话,不仅不加赞扬,反而勃然大怒,举起手杖就打。

范文子莫名奇妙地挨了打,急忙问父亲缘故。范武子生气地训斥道:

"你太自负了,你以为朝中的那些官员回答不上来? 不是! 他们都很有修养,是想让长辈们回答。可你居然不知道谦让,竟三次抢先发言,像这样骄傲自大,没有礼貌,不该打吗?"

听了父亲的教诲,范文子心服口服,从此以后,更加注重自己的文明礼貌修养。不久,晋国与齐国之间爆发了战争,范文子随中军元帅出征,大胜而归。晋国的官员、百姓都去迎接凯旋的将士,范武子也去了。

将士们一个个走过去,就是不见范文子。直到队伍最后,才看到范文子。范武子见到儿子就问:

"你为何走在最后? 不知道我们都在焦急地等你吗?"

"这次胜仗是元帅率兵打的,假如我走在队伍的前面,大家肯定会把目光投向我,我不抢了主帅的荣誉了吗?"范文子回答说。

听了儿子的话,范武子满意地笑了。

人生箴言

锄一恶,长十善

——《宋史·毕士安传》

🕊 **成长启示**

除掉一件坏事,会出现十件好事。

张良桥上纳履

汉高祖刘邦推翻了秦王朝,打败了项羽,做了皇帝以后,有一次谈到他之所以能得到天下的原因时,十分感叹地说:

"运筹于帷幄之中,决胜于千里之外,这全是子房的功劳啊!"

这个子房就是被人们称作"前汉三杰"的张良(字子房)。此人是刘邦的得力谋士,经常给刘邦出谋划策,刘邦的赞扬并不过分。张良的成就固然是他勤奋好学的结果,但也与他注重个人品德修养、礼貌待人密切相关。这就要提到张良桥上纳履的故事了。

张良是战国时期韩国人。后韩国被秦国所灭,张良立志推翻秦朝,为韩国雪耻。为学习军事知识,他到处求师访贤。

有一天,张良正在下邳(今在江苏睢宁县内)的一座桥上散步,琢磨着怎样为国报仇的事。忽然,一位白发苍苍的老人来到他跟前。老人故意把脚上的一只鞋甩到桥下面去,对张良说:

"喂,小家伙,下去把我的鞋子拾上来!"

张良一听,很是恼火。心里想这老头真讨厌,明明是自己有意把鞋子甩下去的,却指手划脚地让别人给拾。不拾! 可他转念一想,这老人也许年纪大,糊涂了,年轻人应该尊敬老人,不能跟他一般见识。于是,张良压住火气,到桥下把鞋子拾了上来。恭恭敬敬地将鞋子递给老人。

谁知那老人毫不知趣,竟把脚一伸,命令道:

"快给我穿上!"

张良这下可真气坏了,真想说他几句。可又一想,好事做到底,穿就穿吧! 张良跪在地上,替老人穿好了鞋。那老者并不道谢,只朝张良笑了笑,扬长而去。

走了一段路,老人忽然转过身来,对张良说:

"我看你这孩子懂礼貌,长大有出息,我想教你点本领。五天后一早,你在桥上等我。"

张良连忙答应。第五天天刚亮,张良就来到桥上,远远看见老人已经站在桥头了。

"与老人约会,怎能让老人等你呢? 回去吧。要真想学,五天后再来!"老者生气地说。

又过了五天。鸡刚叫头遍,张良就赶到了桥上,一看,又迟到了。老人转身就走,叮嘱他五天后早来。

到了第四天晚上,张良连觉都不敢睡了,半夜里就赶到桥上等着。不大一会,那老者也来了。看到张良,老人满意地点了点头,从怀里掏出一部书,说:

"你是个讲究礼貌、老实好学的孩子,我把这部书送给你,回去好好阅读钻研,它能帮你实现为国雪耻、成就大业的愿望。"

张良依依不舍地谢别了老人,回到家里拿出书一看,大喜过望,原来这部书是早已失传的兵书——《太公兵法》。这部专门论述用兵打仗的军事著作,为张良后来辅佐刘邦平定天下发挥了极大的作用。

人生箴言

> 知耻是由内心以生,人须知耻,方能过而改。
>
> ——朱熹《朱子语类》卷十三,九十四

成长启示

懂得羞耻是从内心产生的。人必须懂得羞耻,才能犯了错误就改正。

蔡邕倒屣迎客

唐朝诗人皮日休写过这样两句诗:"敲门若我访,倒屣欣逢迎。"后一句出自一个历史典故,说的是蔡邕与王粲的故事。

蔡邕是东汉时著名的文学家、史学家和书法家。蔡邕59岁那年,随汉献帝迁都长安。当时,蔡邕官拜左中郎将,在朝廷声名显赫,家中常常高朋满座。

一天,蔡邕正在家中与宾客们高谈阔论,忽然,门房前来禀报,说是有个叫王粲的人求见。蔡邕闻讯,急忙起身相迎。古时候的人在家中是脱掉鞋子(屣)席地而坐的,蔡邕站起来,连鞋子都没顾得上穿好,倒拖着鞋子就往门外跑。在坐的宾客们看到这情形,以为肯定来了大人物,也急忙站起来在堂前迎候。

等到蔡邕和那位来客王粲手挽手来到堂前,大家看到这位被蔡中郎如此器重的王粲原来是个十六七岁、身材矮小的孩子时,都大惑不解,纷纷议论蔡邕的做法未免小题大作,有失自己的身份。

可是蔡邕却全然不顾,因为他早就听说王粲虽然年少,但才华横溢,很有学问。况且,王粲这次是专程从山东老家来长安拜访他,更应以礼相迎。

蔡邕亲切地与王粲交谈,并把他介绍给在坐的宾客。他说:

"这是王公的孙子,有奇异的才学,我不如他。从今以后,我家的藏书都供他使用。"

就这样,年逾花甲的朝廷大官与一个年仅17岁的青年人成了忘年之交,两个人经常在一起讨论学术上的问题,互相请教。

从此,蔡邕倒屣迎王粲的这段佳话,历代流传。

人生箴言

> 君子动则思礼,行则思义。
>
> ——《左传·昭公三十一年》

成长启示

君子一举一动都在想着礼和义。

曹操的官渡之战

官渡之战,是我国古代战争史上以弱胜强、以少胜多的著名战例。这场爆发于公元 200 年的大战,是曹操与袁绍争夺中原地区关键性的一仗。曹操歼灭了袁军的主力,奠定了统一北方的基础。战争的胜利,固然与曹操指挥有方有关,但曹操礼貌待人,善于听从别人的意见却是更为重要的原因。

当时,袁绍的军队有五、六万,号称 10 万,而曹操的军队只有

二、三万，开始时，曹军先胜了两次小仗，但袁军自恃兵多粮足，欲渡河与曹操决战。曹操军粮告急，派人到许都催粮。不料这催粮的书信被袁军截获，送到袁绍的谋士许攸那里。许攸得知曹军缺粮的情报，立即向袁绍建议分一部分军队进攻许昌，剩下的人趁曹军粮尽，攻击曹操。

谁知袁绍刚愎自用，听不进去。正巧有人送一封信给袁绍，信中说许攸的子侄侵吞公款，他本人也有贪污行为。袁绍大怒，把许攸大骂一顿，赶出营门。

许攸受了侮辱，又羞又气，想起曾与曹操有些交情，便连夜投奔曹操。

军士将这一消息报给曹操的时候，他已经脱了衣服休息。听说许攸来寨，曹操并不因许攸是袁绍的谋士而怠慢他。曹操立即披上衣服，靴子也来不及穿，光着脚跑出营门口迎接。一见许攸，曹操满面笑容，拍手欢迎。他亲切地拉着许攸的手一同走进大帐，刚到帐中，曹操就向许攸行了个大礼，一拜到地。

许攸见曹操不计前嫌，衣服都来不及穿就出来迎接自己，心里已是十分感动，现在又见曹操行如此大礼，激动得热泪盈眶。他慌忙扶起曹操，说：

"公乃汉朝丞相，我不过一个布衣百姓，你为何这样谦恭？我实在不敢当！"

曹操道：

"你这是说的哪里话，你是我的老朋友了，我哪敢以官职与你分上下尊卑？"

许攸见曹操如此以礼相待，便将袁绍如何不听自己的话，反侮辱自己的事告诉了曹操。曹操听了吓了一跳,暗自庆幸袁绍不尊重人才,才避免了曹军的失败。他虚心地向许攸请教破袁之策,许攸建议说:

"袁绍在乌巢屯有1万多车军粮,守粮官淳于琼是个酒鬼,防备很松。您可派一队轻骑偷袭,将粮食全部烧光,不出三天,袁军不战自败。"

曹操接受了许攸的主张,第二天夜里亲自带人夜袭乌巢,烧了袁军的粮草。袁绍仓促发兵,曹操又听从许攸的意见,抓住时机,向袁军发动大规模进攻,一举歼灭了袁军主力,取得了官渡之战的胜利,袁绍只好带领几百人落荒而逃。

人生箴言

好说己长便是短,自知己短便是长。

——申居郧《西岩赘语》

成长启示

喜欢说自己长处正是一个人的短处,明白自己的短处,正是一个人的长处。

唐太宗教子敬师

唐太宗李世民是我国历史上一位杰出的君主,在他统治时期,出现了社会安定、国力强盛、百姓安居乐业的繁荣局面,人们称这一时期为"贞观之治"。

作为一个很有成就的开明君主,唐太宗不仅知人善任,励精图治,而且虚心纳谏,以礼待人。他经常教育太子李治要讲礼貌,尊重人,向太子灌输"为君之道"。

在唐代,太子是由专门的老师——"师保"教育、辅导的。李世民亲自为太子挑选老师,他认为,老师是用知识和道德教化人的,因而要有很高的威望;假如老师的地位低下,迎接老师的礼节不够恭敬,太子就没有榜样可学了。

为使太子更好地向老师学,提高老师的威信,也使太子自幼就受到良好的品德、礼节的熏陶,李世民亲自拟定了一道太子迎接老师礼节的诏令,诏令的主要内容有:

一、老师进宫授课,太子要出殿门亲自迎接;

二、见老师后,要先向老师行跪拜大礼,老师答拜回礼以后,方可进入殿内;

三、每经一道门,太子都要退到一旁,让老师先进,自己再跟进;

四、进入殿中,要让老师先入座,等老师坐定后,太子才能入座;

五、太子有事给老师写信,开头要写上"惶恐"二字,结尾还要写上"惶恐再拜";

唐太宗李世民为了教育太子成为一个贤明的君主,还为太子撰写了一篇家训——《帝范》,从君体、求贤、纳谏、崇俭等十二个方面进行了修身治国的训诫,其中,有不少内容是教导太子讲究君臣礼节、尊贤、敬贤的。

人生箴言

富贵而骄,自遗其咎。
——《老子》第九章

成长启示

富贵而又骄满,等于自找灾祸。

第二章
时时清扫自己的心地

南宋僧人曾作一偈："身是菩提树,心如明镜台。时时勤拂拭,勿使惹尘埃。"如明镜,纤毫毕现,洞若观火。那身无疑就是"菩提"了。但前提是"时时勤拂拭",否则,尘埃厚厚,似茧封裹,心定不会明,眼也绝不会亮,傻事、蠢事、糊涂事全来了。

由此,想到这样一个故事。说是过去南方某镇有一位老和尚,每天都要用一把破扫帚将寺庙通到镇外的大道扫得干干净净,天天如此。小镇每天都在他的扫地声中迎来新的一天。一次,一队军人驻扎小镇,指挥官忽对老和尚的扫地产生了兴趣。第二天,在老和尚的后边,他也拿把扫帚跟着扫地,老和尚装作没看见,可一连几天,总是这样。这天,老和尚在前边扫着,随口说出一偈:"扫地扫地扫心地,心地不扫空扫地。世人都把心地扫,世上无处不净地。"此后,这个军官再也没有跟着扫地。有人说,他扔下军队,不知去向。想必是老和尚的一番话,使他茅塞顿开,"放下屠刀,立地成佛",用后半生扫自己的"心地"去了。

想一想,我们自身又何尝不是如此呢?作为大千世界的一分子,纷繁复杂的社会生活,使得人们的心智不同程度地受到了污染和蒙蔽,而善恶就在一念之间。因此,每个人都有清扫"心地"的任务。这一点,古圣先贤们看得很清楚,他们提出的"克己、省身"思想,其实就是一把不错的扫帚。

而有的人则不注意清洁自己的"心地",一生如同盲人骑瞎马。李斯这个人就是如此,他虽很有才干,但私心很重,一切从自己的利益出发。他曾将很有才华并颇受秦王赏识、对他的地位有可能造成威胁的老同学韩非打入监牢致死;伙同赵高篡改秦始皇的遗诏,逼死德才兼备忠厚宽仁本该继承皇位的长子扶苏。而最终他也被赵高和秦二世斩杀。临刑前,李斯似有所悟,他拉着儿子的手。哭道:"吾欲与若复牵黄犬俱出上蔡东门逐狡兔,岂可得乎?"

人心多变,善恶往往在一念之间。时时勤拂拭",就是勤于清扫自己的"心地",勤于掸净自己的灵魂,此乃"正心,诚意,修身"之径。

你要活得随意些,你就只能活得平凡些;你要活得辉煌些,你就只能活得痛苦些;你要活得长久些,你就只能活得简单些。

——读书札记

孔融知礼让梨

"融四岁,能让梨;弟于长,宜先知。"

在我国流传甚广、几乎家喻户晓的蒙学读物《三字经》中的这几句话,说的是东汉末年文学家孔融小时候的故事。

孔融4岁那年,有一天,兄弟几个正在院子里玩,父亲从街上回来了,手里提着一些梨子。这些梨子圆溜溜、黄澄澄,让人看了就想吃。

母亲洗了几个,装在盘子里,放在孩子们的面前,让他们吃。

哥哥们让弟弟们先拿。只见孔融围着盘子看了看,最后挑了一只最小的梨吃了起来。

父亲本以为孔融看盘子是要挑个大个的,不料他却拣了个最小的。父亲心里十分高兴,暗说这孩子虽然人小,可很懂事。他故意问孔融:

"盘子里的梨那么多,哥哥们又让你先拿,你为什么不拿大的,偏偏挑个最小的吃呢?"

孔融咽下了嚼着的那口梨,回答说:

"哥哥们比我大,应该吃大的;我年纪小,就该吃小的。"

父亲听了更是高兴,可他还想考考儿子,于是又问道:

"年纪小,该吃小的。可是你还有个小弟弟呀?他不是比你还小吗?你为何不把最小的梨留给他呢?"

"我比小弟弟大,哥哥应该让弟弟,所以我把大的留给弟弟吃。"

　　看到年纪才 4 岁的儿子如此懂得礼貌,知道谦让,父母亲连声夸奖孔融说:

　　"好孩子,好孩子,真懂事! 你们弟兄几个都要向他学习! ……"

人生箴言

日省其身,有则改之,无则加勉。

——朱熹《论语集注》

成长启示

　　每天都要作自我检查,有错误就改正,没有错误就当作自我勉励。

吕端大事不糊涂

吕端是北宋时期著名宰相。他小时候聪明好学,后来做了官,也非常有气量,为人宽厚,不计较他人过失,又喜欢说笑话。吕端一生中官职多次升降,但他全不放在心上。吕端还善于和别人交往,从不看重财物,对于家事极少过问,在这些方面甚至显得粗心大意。于是有人说他"糊涂",但宋太宗了解他,对人说:"吕端小事糊涂,大事可一点不糊涂。"对他十分信任。

也真是这样。吕端对于功名利禄,常常谦让给别人,对他人的闲言碎语从不挂在心上;但碰上军国大事,总是考虑得十分周全。

当时李继迁叛乱,滋扰西北边界。在一次战斗中,宋军抓到了他的母亲,押送到京师。宋太宗要将她斩首示众。这时吕端进谏说:"过去项羽捉住了刘邦的父亲,扬言要煮了他。刘邦说:'我们二人曾经结拜为兄弟,因此,我的父亲就是你的父亲。你要是真想煮了自己父亲的话,别忘了分给我一碗汤喝。'可见,那些有野心的人是不会将亲情放在心上的,何况是李继迁这样叛逆作乱的人!陛下今天如果杀了他母亲,明天就能抓到李继迁吗?如果不能,只不过徒然加深了他对朝廷的怨恨之意,让他反叛的决心更加坚定而已。"

宋太宗听了吕端的话,觉得有道理,就又问:"那我们如何处置她?"吕端回答说:"微臣的意见是,我们最好将她送往延州,好生安顿,让人细心照看她。这样,说不定哪天李继迁起了孝心,会来投降。即使他不立刻投降,起码也可以使他有所收敛,因为他若关心母亲的安危,就不敢轻举妄动,毕竟自己的母亲在朝廷这里。"宋太宗认为这是个不错的建议,称赞他说:"如果不是你,几乎就坏了我的大事。"于是采用了吕端的计策。后来李继迁也安分了许多,过了几年李继迁病死了,他的儿子就投降了宋朝。

吕端也十分清廉,家里没什么积蓄。他去世后,子女们穷得连结婚用的钱也筹不到,只好把宅子当了出去。宋真宗知道了,特意命人帮他们赎了回来,并厚加抚慰。

人生箴言

> 善欲人见,不是真善;恶恐人知,便是大恶
> ——朱柏庐《治家格言》

成长启示

做了好事想让人家知道,这就不算真好事;做了坏事怕人家知道,那可就是大坏事了。

唐太宗下罪己诏

唐太宗李世民是我国历史上著名的英明君主。他善于听取臣属们的意见,勇于改正错误,严于律己,自觉遵守国家法令,和群臣关系融洽。因此,他在位期间,社会安定,经济发达,为唐朝的进一步兴旺繁盛打下了坚实的基础。

这里我们要讲一个唐太宗遵守法令,处罚自己,赢得臣民们赤诚合作的故事。

古代主管司法的部门叫大理寺。有一次,唐太宗接到大理寺的一份奏折,说当时的大将党仁弘在做广州都督时,利用职务之便,贪污受贿,现已被人告发,经查证罪证确凿,应该依法判处死刑。唐太宗看了奏折,心里十分烦闷,想着:"若是依法惩办,党仁弘必死无疑。只是他追随我多年,为安邦治国立下了汗马功劳,是一个难得的人才,而且他平日也忠心耿耿,杀了他实在可惜。"想来想去,唐太宗心软了,就批示说,念党仁弘有功于国家,姑且免除他的死罪,将他贬为庶民,流放到边疆地区去。

事情过去后,唐太宗左思右想,觉得自己出于私心,庇护重案犯,做得不对,因为国家法律是人们行为的标准,若是这样轻率地被打破了,如何要求大家遵从呢?唐太宗为此深感内疚,觉得自己触犯了法律,应该处罚自己。

于是唐太宗就召来当时的丞相房玄龄、杜如晦二人,对他们说自己要当着大臣们的面,宣布自己的错误。两人听了,都劝他说:

"陛下虽然因为私心作祟,破坏了法纪,但如今决心改过,也就是了。若是当众检讨,恐怕有失您的尊严。"唐太宗不以为地然说:"以私乱法,必然失信于百姓,为天下人所耻笑。我若是不勇敢地承认错误,又如何取信于天下人。"他还决定诏告天下,让百姓都知道这件事。在"罪己诏"中,唐太宗批评自己在处理党仁弘贪污案中犯了三条大错:一是用人不当,给了党仁弘以作案机会;二是为个人私情,包庇罪犯;三是赏罚不明,对此案没有依法处理。

"罪己诏"发布后,全国上下都为有这样的皇帝感到高兴,人们不仅不轻视朝廷,反而更拥护政府,遵守法纪了。

人生箴言

清风两袖朝天去,免得闾阎话短长

——于谦《入京诗》

成长启示

两袖清风去朝见皇帝,免得被左邻右里说长道短。

张嶷恩信服叟夷

张嶷是三国时蜀国人,二十岁时就做了县里的功曹,负责人事工作。刘备平定蜀中时,有一伙强盗来攻打县城,县令抛弃家眷逃跑了。而张嶷却冒着生命危险,救出了县令夫人。从此他的英雄事迹家喻户晓,州里长官为此召见他,任命他为从事史(副州长)。

自从蜀汉丞相诸葛亮讨伐高定之后,越巂郡一个叫叟夷的部落多次叛乱,曾连续杀害了当地太守,从此派往当地的太守不敢到郡上任,只是住在安定县,离郡管所在地有八百多里,因而这一郡只是徒有虚名而已。后来,朝廷决议重新恢复过去的统治,任命张嶷为越巂郡太守。

张嶷带领随从前往郡管所在地。他为人细心谨慎,又十分大胆,处事得体,相信自己一定可以安抚当地人。到了所在地后,他不采取强硬措施,因为他知道这样只会激起当地人的对抗情绪,而是努力用自己的行为给百姓树立榜样,广施恩惠,处事讲求信誉,以此劝导百姓。结果不久后,当地少数民族各部落就都十分敬重他,大多前来归附。各族人民团结合作,出现了前所未有的安定祥和的景象。

当时,越巂郡的北部边境上,居住着一支少数民族,叫做捉马。他们个个勇猛骠悍,当地人都害怕他们,他们也因此不服从官府的法令,不时惹事生非。张嶷只好带兵前去讨伐,很快就活捉了他们的头领魏狼。为了长久的和平,张嶷又将魏狼释放了,并且当众警告了他。张嶷的宽大让魏狼十分感动,回去后就开始聚集族人,决定遵守太守的法令,与其他部落和平相处。张嶷就上表朝廷,请求皇上任命魏狼为县令,让他的族人大约三千余户都在那里定居下来,各司其职,安居乐业。其他部落知道后,都纷纷前来归降,服从政府领导,越巂郡又恢复了和平安定的局面。

后来,张嶷因为自己的功劳被封做关内侯。他在越巂郡十五年,使得那里秩序井然,百姓生活安定,一片繁荣景象。后来他多次请求告老还乡,朝廷终于准许他回去。但当地各族人民舍不得让他走,送他的时候,都扶着车轮大哭,一直追随他到达蜀郡。有一百多个部落首领随他上朝拜见蜀汉国王。

人生箴言

三生不改冰霜操,万死常留社稷身
——海瑞《谒先师顾洞阳公祠》

成长启示

几辈子也不会改变冰清玉洁的操守,不管死多少次也要保持忠于国家的人格。

蒋琬与下属

诸葛亮在他的传世名篇《出师表》中，为蜀汉后主刘禅推荐了许多人，其中有一个叫蒋琬的人，诸葛亮对他评价极高，认为他是"贞亮死节之臣"，要皇帝对他信任、关心。诸葛亮去世后，蒋琬继任尚书令，果然不负所望，在任期间为官清正，尽职尽责，为蜀国的复兴竭尽全力。他以诸葛亮为榜样，小心谨慎地处理每件事务，而且待人宽容大度，下属们因此也全力合作。

当时有一个人叫杨戏，生性沉默寡言，往往给人以冷淡的印象，甚至对蒋琬也是如此。杨戏的性子难免得罪人，于是就有人在蒋琬面前说他的坏话，特别是拿他的"刚愎无礼"大做文章，蒋琬却说："古话说得好，'一母生九子，九子各不同'。怎么能让一个人改变天性呢？"一点不将那些话放在心上。

又有一个叫杨敏的人，私下批评蒋琬办事糊里糊涂，实在不如前任丞相诸葛亮。这话传到了蒋琬那里，有人就提出要惩处杨敏，蒋琬却不同意，说："虽然我觉得自己处理事务已尽了全力，但比起前任诸葛丞相，的确不敢望其项背。杨敏说得不错，为什么要怪罪他呢？"而且蒋琬还说自己才能平平，因而不堪自己担负的重任，免不了把事情办糟，如果杨敏说自己糊涂，也没什么不对。

后来，杨敏因故被关进监狱，一些与杨敏关系好的人都担心蒋琬借机报复，那样杨敏可就必死无疑了。没想到，蒋琬完全不记前嫌，秉公断案，免除了杨敏的重罪。这下，朝廷上下无人不佩服蒋琬的胸怀广阔。

✨ 人生箴言

> 礼之可以为国久矣,与天地并。君令臣恭,父慈子孝,兄爱弟敬,夫和妻柔,姑慈妇听,礼也。
>
> ——《左传·昭公二十六年》

🕊 成长启示

靠礼制来治理国家已经很久了,可以说是与天地同在。君主圣明,臣子恭顺,父亲慈爱,儿子孝顺,兄长友爱,弟弟恭敬,丈夫和蔼,妻子温顺,婆婆慈善,媳妇顺从,这些都是礼的重要内涵。

寇恂避贾复

东汉时候,贾复屯兵汝南,他的部下在颖川杀了人,被颖川太守寇恂捉拿。寇恂认为杀人偿命,按法律应将此人杀了,这样才能平民愤,安抚百姓,于是就毫不留情地将这人在刑场上斩首示众。

那时候,东汉刚刚建立,各种政策还不稳定,一些军队将士更是仗着有战功,往往在地方上恣意妄为。因为战事频繁的缘故,在处理这些将士的时候,人们也往往从宽。寇恂将贾复的部下当众斩首,惹得贾复很不高兴,觉得这是不给自己面子,就对他的手下将领们说:"我和寇恂一为武将,一为文臣,官职相当,如今却被他当众欺侮,是好汉就不会白白地忍这口气的。我一定要和寇恂见个高低!哪天我见到他,一定一剑将他格杀!"

寇恂听到了贾复的话,就故意避开贾复,不和他相见。寇恂的外甥谷崇,得知这件事,就对他说:"我是一员武将,就让我带剑随你左右,以防备不测。万一出了什么事,我也能够应付一阵子。"寇恂不同意,说:"不必这样,你没听说廉颇、蔺相如的故事吗?蔺相如面对秦王的威势,毫无惧色,还当众训斥秦王。后来听说廉颇对他不满,要找他的茬,就称病不朝,故意避开廉颇。蔺相如为什么这么做?因为他是为国家大计着想。春秋时的赵国不过是小小诸侯之一,当时的大臣们都知道这个道理,我怎能忘了呢?"

俗话说,冤家路窄。不久,赶上贾复奉命率军过颖川,这下子不招待不行了。寇恂为了避免两人见面引起冲突,再闹出事来,一天到晚琢磨着是否有万全之策。突然他灵机一动，就吩咐下属们，贾复率军到达时，一定要好好招待，热情周到，给他们每个人配备两人的酒食。第二天，贾复正在大帐中怒气冲冲地等寇恂来到，却见酒肉先被送上来了，将士们见到如此丰盛的酒食，便立刻开怀畅饮，一会儿就喝得酩酊大醉。寇恂这时才匆匆赶到，道歉说自己病了，因此未能及时赶来迎接，说完立刻就回去了。贾复想带人去追，无奈兵士们个个大醉如泥，只得作罢。

光武帝刘秀知道了这件事，就派人召见二人，对他们说："如今国家还处于战乱之中，你们二人怎能因为私怨争斗不休？如今看在朕的份上，都罢手吧。"两人这才握手言和，后来还成了好朋友。寇恂以国事为重，主动避让，他的高尚行为尤其为后人称赞。

人生箴言

人必知礼然后恭敬，恭敬然后尊让

——《管子·五辅》

成长启示

人一定要懂得"礼"以后才能产生恭敬之心，具备了恭敬之心以后才能尊敬和谦让他人。

韩延寿自责感吏民

韩延寿是西汉时期人,在当时以清正廉明著称。

韩延寿对待自己的下属官员,从来不摆架子,耍威风,而是和他们诚心相见,对人特别随和。遇到有人因贫穷而陷入困境,他总是想方设法地接济他们,从来不图人回报。和别人有了约定,就十分守信,从来不曾违约。因此,就有人利用韩延寿的性格,欺骗他,做对不起他的事。韩延寿知道后,不是怪罪别人,而是沉痛地自我反省;难道是我曾经做过对不起别人的事吗?不然,怎么会出现这种事?欺骗韩延寿的人听说了以后,都感到非常后悔,自动来道歉,大家又和好如初,彼此合作,为百姓办事。

后来韩延寿做了左冯翊,负责管理京城一带。虽然已经位高权重,但韩延寿仍一心想着下面的民生疾苦,因此经常到下属各县去视察。有一回,他到高陵视察,当地有亲兄弟二人为了争一块地而闹矛盾,相持不下,告到了官府。他们各执一辞,互不相让,让人十分头疼。

韩延寿知道了这件事,非常痛心,觉得是自己没有做好教育工作,特别是没有为百姓树立谦虚礼让的好榜样。他责备自己说:"我占着国家给的官位,理应时刻自我警觉,一举一动都应该合乎礼义,做辖区百姓的表率。如今自己没能搞好教育工作,人们不知道礼让和睦、相亲相爱,结果竟使得亲骨肉之间为了琐碎小事打官司。这不但败坏了地方风俗,也让那些贤能的地方官员们、乡里的长辈和家庭和睦的人都因此而蒙受耻辱,这都是我的过错,应该被撤职的是我啊!"

于是从当天起,他称病辞职,不再办理公务,一个人住在县城的驿馆里,闭门思过。县里的人起初都不知道在干什么,等知道原因后,都十分感动。当地的官员和长老们都惭愧自责,要求上司惩罚。于是打官司的兄弟的族人们也纷纷责备兄弟二人,结果他们深感后悔,两个人一起剪了头发表示悔过,光着膀子去韩延寿那里请罪,并表示愿意将田地让给对方,发誓再不相互争斗了。韩延寿十分高兴,开门接见他们,并以此事劝诫当地人。那里从此变得民风淳朴,邻里亲睦了。

人生箴言

民一众,不知法不可;变俗易教,不知化不可。

——《管子·七法》

成长启示

要使民众和谐一致,不懂得法律是不行的;要移风易俗,搞好社会风气,不懂得政治教化是不行的。

徐湛之爱护弟弟

宋朝人徐湛之小时候就十分聪明勇敢,遇事冷静沉着。他从小就受到良好的家庭教育,在尊敬长辈、友爱弟兄这些方面都做得非常好。

徐湛之有个弟弟,叫徐淳之。徐湛之不但关心、爱护弟弟,并且处处谦让。徐淳之也很懂事,十分尊敬哥哥。徐湛之经常带着弟弟一起学习,一块儿做游戏,兄弟俩互敬互让,感情非常融洽。

有一次,做完了老师留下的功课,徐湛之带着弟弟同乘一辆牛车出去玩。一路上,他们欣赏着大自然的美丽景色:刚刚下过雨的天空碧蓝碧蓝的,没有一丝云彩。空气中散发着鲜花和泥土的芳香,成对的蝴蝶在花丛中自由自在地飞舞,小蜜蜂"嗡嗡"地叫着,忙着采蜜。附近的田野里,三三两两的农民在辛勤地耕作,田间不时传来老黄牛"哞"的一阵惬意的叫声。抬眼望去,近处有青翠的山岗,远处有起伏的高山。山脚下横着一条大河,弯弯曲曲地流向远方。河水在阳光的照耀下,闪闪发亮,就像一条银白色的绸带,真是好看极了。看着这些美丽的景色,兄弟俩的眼睛都不够用了,徐淳之更是高兴得合不拢嘴,一会儿问问这个,一会儿问问那个。徐湛之耐心地回答着弟弟的问题。

正当兄弟俩玩得高兴的时候,突然,不知是什么原因,老牛受了惊吓,拉着车狂奔起来。老牛边蹦边叫,把车子带得左摇右晃,颠簸得非常厉害,兄弟俩也被颠得在车里撞来撞去,脑袋重重地磕在车沿上。这一来,可把弟弟吓坏了,他使劲儿搂着哥哥,"哇哇"地大哭起来。这突然的情况,开始也把徐湛之吓了一跳,但是他很快镇静下来,一手牢牢地抓住车上的横木,一手紧紧地把弟弟搂在怀里,大声喊道:"快来救人哪!快来救人哪!"

路上的行人看到一辆牛车狂奔过来,有的怕被车撞倒,赶快躲在一边;有的向牛车跑来,想把牛拽住。

这时候,只听一声大喊:"救孩子要紧!"一位中年人勇敢地冲到车跟前,伸手抓住徐湛之,想把他抱下来,徐湛之却赶紧把弟弟推过去,说:"先救我弟弟吧,快把他抱下车!"弟弟被抱下车后,牛车也被人们拦住了。

徐湛之下了车,赶忙走到弟弟身边,心疼地把他搂在怀里。看到弟弟没有受伤,徐湛之这才放下心来,连忙向救了兄弟俩的中年人道谢。中年人好奇地问道:"你自己也不过是个小孩子,怎么想到要先救弟弟呢?"徐湛之回答道:"我是哥哥,当然不能让弟弟受到伤害,无论出了什么事都应该首先保护弟弟才对。"

人们看着这情景,都称赞徐湛之虽然年龄小,但是遇事不慌;在危险的关头,首先想到的是别人,而不是他自己。

人生箴言

求必欲得,禁必欲止,令必欲行

——《管子·法法》

做/优秀的/自己

成长启示

> 国家有要求的一定要做到，国家要禁止的一定要杜绝，国家颁布的法令一定要实行。

蒲松龄仗义执言

蒲松龄是清代著名的文学家,他的《聊斋志异》一书是我国文学宝库中的瑰宝,至今拥有千千万万的读者。

蒲松龄不光有伟大的文学成就,还有高尚的品德。他为人非常正直,敢于和坏人作斗争,敢于替乡亲们仗义执言。

蒲松龄的家乡在山东淄川(今淄博附近)。淄川有一个姓孙的人在朝廷里做大官,这位孙先生本人还是个好人,但是,他在老家的一些家属、仆人,却依仗他的权势横行乡里,胡作非为。由于孙家有权有势,因此,尽管乡里很有意见,却都敢怒不敢言。

蒲松龄了解到这些情况后,毅然决然地给孙先生写了一封长信,把其家属、仆人的所作所为告诉了他,批评了孙先生没有严格约束家属、仆人的过失,并要求孙先生尽快解决。别人都为蒲松龄担心,因为弄不好会得罪孙先生这位高官的。而蒲松龄毫不在意。幸运的是,孙先生是个开明的人,接到蒲松龄的信后,马上采取了措施,对家属、仆人进行了批评教育。从此以后,孙家的人再也不敢横行霸道了。

　　这种不怕得罪人,一心为百姓说话的精神,使蒲松龄在乡亲们心目中的地位更高了。

人生箴言

> 人不尊己,则危辱及之矣。
>
> ——《列子·说符》。

成长启示

> 人如果不尊重自己,危险与耻辱就会降临到他身上。

虚词招谤

有一个世家的子弟,夜间行走在深山里,走迷了路,望见一个岩洞,想暂且进去休息一下,发现已死的老前辈某公在里面,内心恐惧不敢进去。但是,前辈某公却殷切地邀他进洞,他料想不会有什么祸害,就上前行礼拜见。老人问寒问暖、起居劳苦像活着时一样,又略问了他家中的事,共感悲伤慨叹。士人接着问:"您的墓地在某地,为什么一个人游逛到这里来?"

老人长叹了一口气说道:"我在世时没有犯过错误,读书时只是跟随着别人作计议,做官时只是安分守己地工作,也没有什么建树。没想到我死数年之后,在我的坟墓前面忽然树起了一块大石碑,在碑首上刻着些篆文,写的是我的姓字和官阶,碑上文字所叙述的,却是我根本不知道的事情。其中稍微有些影子的,又都言过其实。我一生质朴直率,心中颇为不安,再加上游人过路诵读,时常说出讽刺的评语;那些鬼魂围着观看,更是发出许多讥笑。我实在受不了这些嘈杂的声音,就避居在这里。只是到了年终祭祀扫墓的时候,我才回到坟地里去,看看自己的子孙后代罢了!"这位士人委婉地安慰老人说:"仁人孝子,不这样做就感到不能荣耀自己的亲人。像恭喜中朗这样的名人,也免不了写些于心有愧的碑文;像韩吏部这样的名家也曾写过阿谈的墓志铭。古来已有很多这样的例子,您又何必介意呢?"老人严肃地说:"是非公论,都在人们心里;人们即使可以被欺骗一时,但我扪心自问已感到十分惭愧。何况公论俱在,欺骗又有什么益处呢? 要想光耀祖宗,应当看他的昭著事迹,何必用虚伪的言词招惹诽谤呢? 难道不晓得后起的名流,他们的见解也都是这个样子吗?"老人说罢拂袖而起,士人若有所失地回家去了。

人生箴言

秦恶闻其过而亡,汉好谋能听而兴。

——薛暄《读书录》卷十。

成长启示

秦朝厌恶听到自己的过失而亡国,汉朝则由于好谋略又能听得进意见而兴起。

袖手旁观

唐朝时候,有一位大文学家名叫柳宗元,字子厚,河东(今山西)人,贞元(唐德宗)时中了进士,做到监察御史的官。后来因被同事牵连,贬到永州(今湖南零陵)做司马(官名),最后在去柳州刺史的任上去世。

柳宗元写的文章,既雅健而又雄深,发表的议论,像风势般奋发而深远,是一位博学而有才能的人。当时的大文豪韩愈在柳宗元死后写了一篇极有名的《祭柳子厚文》,其中有这样几句:"不善为斫,血指汗颜;巧匠旁观,缩手袖间。"这几句话的意思是说:不善于砍木的人,弄得满头大汗,指破血流;而巧熟的大匠往往拢着双手,站在一旁看着。韩愈对柳中元的文采才华之美,颇为赏识,眼见他不被用于当世,成为一个袖手旁观的巧匠,终至默默无闻地死去,觉得十分不平,所以说了上面那几句颇有牢骚味的话。一个有学问、有本领的人没有发挥才能的机会,这是多么可悲可叹!

人生箴言

礼之用,和为贵。

——《论语·学而》。

成长启示

礼的作用,以和为最高境界。

一夜十起

东汉时候,京兆长陵有一个叫第五伦的人,第五是他的姓氏,伦是他的名字。

第五伦年轻时勇武侠义,曾率领本族人防御盗贼、修筑营壁。他身先士卒,豪爽果敢,得到乡亲们的信任。地方官吏看他很有本事,便任命他为小吏,后他又担任京兆尹的主簿。他办事公平,为官清廉无私,得到光武皇帝的赏识,于是派他去做会稽太守。

第五伦生活简朴,虽然他有优厚的俸禄,但却只要一个月的粮食吃用,余下的粮食都降价卖给贫困人家。平常自己割草喂马,让妻子做饭,也不雇用仆人,当时会稽地方人们迷信,相信占卜算卦,并且每年要杀耕牛祭神,巫祝说谁要是自己吃了牛肉而不祭神,就会闹病,像牛那样吼叫,然后暴死。为此,百姓们很吃苦头。第五伦到任后,决心治理这恶习邪俗。他下命令惩罚那些借鬼诈骗百姓的巫祝,又贴出告示,谁无故杀死牛就办他的罪。这样一来,会稽的百姓都安居乐业了。

后来,第五伦做了朝廷的代理司空,他见肃宗皇帝将太后的亲属都委以重任,觉得很不合于法度,将来必会给国家带来灾难,就上书直言不讳地批评圣上。他处处奉公守节,说话办事毫无顾虑,家人和孩子常劝他别太任性,以免得罪权贵自讨苦吃,但他却训斥儿子不忠不贞。

第五伦的铁面无私,在朝廷内外一时传为美谈,人们很敬仰他。一天,一位同僚赞扬他说:"像你这样的人真可以说是毫无私情了!"

第五伦却认真地反驳说:"你说的也不全对!以前曾有一位熟人送给我一匹马,想叫我帮他谋个官做。我虽然没收下马,可是当我举荐别人做官时,却又常常想起他,这不是证明我还是有私情吗?再比如说,我的侄儿生病,一晚上我起来十几回去看他,但回到床上我很快就睡着了,睡得很安稳。但我自己的儿子生病时就不同了,虽然夜里我不去瞧他,但我整夜睡不着觉,担心孩子的病情,你看我哪里够得上是毫无私情呢?"

人生箴言

> 凡将举事,令必先行。事将为,其赏罚之数必先明之。
>
> ——《管子·明法解》。

成长启示

> 凡是要举办重大事情,政令必须先行。办事之前,一定要首先明确赏罚的尺度。

李林甫禁止谏官上疏议事

李林甫，小字哥奴，在唐玄宗（李隆基）手下任宰相，封为晋国公。

李林甫当宰相十九年，把持朝政，独揽大权，蒙蔽、欺骗天子视听。当时，负责进谏的官吏只是干拿俸禄，颐养天年，谁也不敢据理力争，秉公直言。补缺的谏官杜琎多次上疏议论政事，却遭到斥责，降为下邦县令。李林甫趁机对其他的谏官们说："圣明的天子在上明断，群臣按天子的旨意办事还来不及呢，哪还有工夫空发议论呢？你们没有看见那些站立在宫门前为皇帝做仪仗的马队吗？这些马整天不叫唤，却吃三品草料，它一嘶叫，就不用它了。以后虽然不嘶叫了，还能得到任用吗？"从此，无人再敢进谏了。

人生箴言

鞠躬尽瘁，死而后已。
——诸葛亮《后出师表》。

成长启示

恭谨勤劳，竭尽全力，直到死为止。

盖宽饶说金张许史

汉代,有一个人叫盖宽饶,字次公,魏郡人。他富有才学,在朝廷里当谏大夫,后来升做司隶校尉。盖宽饶为人刚直不阿,一心奉公。一次,他向皇帝进谏,得罪了皇帝和权臣,被定大逆不道之罪,要处以死刑。

谏大夫郑昌怜惜盖宽饶一片忠直忧国之心,却因为上书言事不当而遭到一班文官的诋毁和打击,于是,郑昌向皇帝上书,对盖宽饶加以称赞,说:"我听说,山有猛兽,就无法去采摘野菜和豆叶;国有忠臣,奸邪之徒就翻不起大浪。司隶校尉盖宽饶居不求安,食不求饱,得意时怀有忧国之心,失意时也有为皇上献身的气节。他既不像许伯和史高(二人都是汉宣帝时的外戚)那样同皇上有亲戚关系,也不如金日磾和张安世(二人都是汉宣帝时的大官)那样受到皇上的信任和托付,但是他依然忠实地履行自己的职责,正直地行事,从不拉帮结派。现在,他向皇上进谏,谈论国家大事,却要被处死,这是不公平的。我身为陛下的臣子,有机会跟在众大夫之后向您进谏,这是我的责任和光荣。所以,我不敢不说说我的心里话。"但是,皇帝没有听从郑昌的劝告,下令叫狱吏处死盖宽饶。最后盖宽饶拔出佩刀,自杀于北门之下,众人都很同情他。

人生箴言

见素抱朴,少私寡欲。

——《老子》第十九章。

成长启示

外显单纯,内存质朴;减少私心,消除贪欲。

齐景公求雨

有一年,齐国发生了大旱灾,错过了播种季节。国王景公召集群臣,问道:"天很久没有下雨了,老百姓很快就要挨饿了。我叫人占卜,说这是山神河伯在作怪,我想稍微征收一点钱来祭祀山神,可以吗?"臣子们一声不吭。

相国晏子走上前去对国王说:"不行,祭祀山神没有用处。山神本来就是用石头作躯体,用草木作毛发。长久不雨,山神的毛发将会晒得枯焦,躯体将要晒得滚烫。它难道不要雨吗? 你去祭祀它,有什么用呢!"

景公说:"如果不这样,我打算去祭祀河伯,行吗?"

晏子说:"不行,水是河伯国土,鱼鳖是河伯的臣民。长久不雨,泉水将要枯竭,地要干涸。它的国土将要沦丧,它的臣民也将干死。它难道不要雨吗? 你去祭祀它,又有什么用呢!"

景公说:"那么,现在怎么办呢?"

晏子说:"国君如果能够离开宫室,在外经受日晒夜露,同山神、河伯一样,为自己的土地和人民担忧,天也许会要下一场雨呢。"

景公果真走出深宫,来到荒野,日晒夜露,察看民情。过了三天,天果然下了倾盆大雨,全国的老百姓都能栽种了。

人生箴言

善言古者必有节于今,善言天者必有征于人。

——《荀子·性恶》。

成长启示

善于谈论古代的人必然要在现今寻找依据,善于谈论天道的人必然要在人事上寻找证明。

安贫乐道

孔丘是春秋末期的一位思想家、政治家和教育家,是儒家的创始人。为了维护封建贵族的统治,孔丘提出了"己所不欲,勿施于人","己欲立而立人,己欲达而达人"等论点,即"忠恕之道"。在此基础上,他还提倡德治和教化,反对苛政和刑杀。在孔丘的学说中,劝人安贫守法是一项重要内容。他曾提出"不患寡而患不均,不患贫而患不安"的论点,并以此作为衡量他的学生品行好坏的一项标准。

相传,孔丘教过的学生有三千人,其中著名的有七十二人。在这七十二人中,有一个孔丘最为得意的弟子叫颜渊,就是一个安贫乐道的典范。颜渊,春秋末鲁国人,名回,字子渊。孔丘曾称赞他说:颜渊真是一个贤德的人啊!他虽然贫居陋巷,但只要有一小竹篮子干粮,一瓢水,也不改乐观的心态。

人生箴言

保利弃义,谓之至贼。

——《荀子·修身》。

成长启示

面对"利"和"义",选择了"利"而放弃了"义",这样的人是最卑劣的人。

舐犊情深

东汉时期有一个叫杨修的人,字德祖,华阴(今陕西省华阴县)人氏。他很有学问,而且又有很高的才智,曾给曹操当主簿。有一次,曹操领兵打到汉中,驻在斜谷界口,想再去打刘备;但心里盘算当时的情势,既不能进,又不能守,退又要丢面子,正在为难的时候,恰巧厨师送上一碗鸡汤,曹操看见汤里面有几块鸡肋,遂引起上阵感触。这时部将夏侯淳来问夜里的口令,曹操随口说:"鸡肋!鸡肋!"杨修听到这个口令,马上收拾行李,准备回去。夏侯淳吃惊地问他这是为什么,他说:"鸡肋这东西,吃之无肉,丢掉它却觉得可惜。我们现在进不能取胜,退又恐惹别人耻笑,住在这里既没有益处,不如早点回去。丞相既然说出'鸡肋'两字,一定就要回去了。所以我预先收拾行李,免得临时忙乱。"后来曹操果然下令班师,并且知道杨修猜中了他的心思。曹操对杨修本已疑忌,就借此机会说他惑乱军心,把他杀了。杨修死时才三十四岁。

后来曹操见到杨修的父亲杨彪,问他为什么瘦得这样厉害,杨彪流着泪哀声说:"我很惭愧没能对事情有所预见,还深深地怀着'老牛舐犊之爱'哩!"曹操听了之后也很为之感动。

人生箴言

君子思义而不虑利,小人贪利而不顾义。

——《淮南子·缪称训》。

成长启示

> 君子思慕道义而不考虑利益,小人贪图利益而不顾及道义。

镇守西河

吴起喜欢比剑,爱名不爱利。他为了要出名,想做大官,把千金家产都花光了。有一回,他娘狠狠地骂了他一顿。他便赌气把自己的胳膊咬了一口,并发誓说:"得不到功名,决不回家!"于是他就这么离开卫国,到了鲁国。

吴起到了鲁国,拜在孔子的弟子曾参门下做学生,夜以继日地刻苦钻研学问,居然成了曾参的得意学生,并且已经有点小名望了。有一天,他碰见齐国的大夫田居,两个人谈起天来,挺投缘。田居佩服他刻苦用功的精神,又挺喜爱他的学问,就把女儿许配给他。这个鲁国的学生就当了齐国田家的姑爷了。过了五六年,他的老师曾参问他:"你在这儿念书已经好多年了,怎么不回趟家去看看你母亲呢?"吴起说:"我在母亲跟前发过誓,得不上功名,决不回家。"曾参数落他一顿,说:"做儿子的怎能跟母亲赌气发誓呢?"从此,他老师就有点瞧不起他了。没多久,吴起接着一封家信,说他母亲死了。他就对天大哭三声,擦去眼泪,把心一横,仍旧跟平日一样地念书。这回曾参更生气了,骂道:"你母亲死了,还不回去奔丧,你简直是个逆子。我提倡孝道一辈子,哪能收你这种人当学生呢?"于是把吴起赶走了,还嘱咐别的学生以后不许跟他来往。

吴起被开除之后,索性扔掉文的,专门研究武的。研究了三年兵法后,很有心得。到了鲁国,见到了相国公仪休,跟他谈论兵法。公仪休倒挺赞赏他的才能,就在鲁穆公跟前推荐他,鲁穆公拜他为大夫,但却不叫他做将军。

那时候(公元前412年,周威烈王十四年),齐国的相国田和打算篡位,又怕邻国去打他,他就用了两种手法:对那些势力大的邻国,像"三晋",用交好的手法;对那些软弱无能的小国,像鲁国,用强硬欺压的手法。田和先发兵去打鲁国,说鲁国从前跟着吴国来打过齐国,这个仇一定要报。公仪休对鲁穆公说:"要打退齐国,非用吴起不可。"鲁穆公有口无心地答应着,但又不把兵权交给吴起。不到几天工夫,鲁国的一座城便被齐国占了。公仪休又说:"主公怎么不派吴起去抵御呢?"鲁穆公说:"我也知道吴起能够当大将,可是他是齐国田家的姑爷呀!你放心不放心?"

公仪休也不敢担保,就出来了。吴起跑过去对他说:"齐国的军队攻得很紧,主公怎么还不找我呢?不是我吴起在相国跟前夸口,要是我当大将,一定能把齐国的军队打回去!"公仪休就把鲁穆公的话告诉了他。吴起说:"我以为是什么难事,原来是为了内人啊!哪个国家没有别国的女婿?如果照这么说,那谁都不能信任了。"正巧他的妻子生病死了,反对他的人就说他是为了要做将军才把妻子杀了的。

田氏死了以后,吴起对鲁穆公说:"我立志为主公出力,主公为了我的妻子起了疑心。如今她已经死了,主公总可以放心了吧。"鲁穆公对吴起说:"请大夫先退下去吧。"他问公仪休怎么办。公仪休说:"他如今只图功名,主公不如利用他先把齐国打退了再说。真要是齐国用了他,那就更糟了。"鲁穆公就拜吴起为大将,叫他带领两万人马去抵抗齐国。

吴起当上了大将,天天咬紧着牙,非要争口气不可。只要能够打败齐国,什么苦他都受得了。他和士兵们整天呆在一起,小兵吃什么,他也吃什么;小兵在地下睡,他也在地下睡;小兵步行,他也不坐车;小兵扛着粮草,他也帮着他们扛。有人病了,他给他煎药;有人长了疙瘩,他给他挤脓上药。弄得士兵们一个个都把他当做父亲一样看待,死心塌地地情愿为他卖命。

吴起把军队驻扎下来,嘱咐士兵们守住阵线,不跟齐国开仗。田和可不愿意总这样耗下去,就打发张邱去侦察鲁国的兵营,假意说是来求和的。吴起得了消息,把精锐的兵马隐藏起来,让那些上了年纪的和瘦弱的士兵守着中军。吴起挺恭敬地招待着张邱。张邱说:"听说将军杀了夫人,真有这回事吗?"吴起说:"我虽说品德不好,到底也当过曾子的门生,学过孔子的教训,怎会做出这种狠心的事呢?我在动身之前,内人正巧生病死了,有人就把这两档子事掺到一块儿造谣言。"张邱说:"这么一说,将军还是齐国的亲戚,能不能为了这点情分,两边和好如初?"吴起拱着手说:"大伙儿能够讲和,那比什么都强。"张邱临走的时候,吴起又再三托付他,请他帮忙,总得成全这回事。

张邱回去之后,报告了田和,说鲁国兵马怎么怎么软弱无能,吴起又如何如何胆小。田和就打算第三天来个总攻击。到了第二天,他们两个人正在高高兴兴地说着这回事,忽然听见咚咚的鼓声,响得惊天动地,鲁国的兵马紧跟着就打过来了。那些年老的和瘦弱的士兵全不见了,一个个全是粗壮的大汉和不怕死的小伙子,见了齐国人乱杀乱打,吓得田和来不及上车,张邱也没工夫上马。其余的将官们还没穿上盔甲呢!转眼的工夫,军营大乱,都朝没有鲁国军队的地方跑,有被鲁国人杀了的,有被自己人踩死的,也有投降的。这一下子,田和的士兵逃回本国,已经死伤了不少人马。

田和打了败仗,痛骂了张邱一顿,说他误了大事。张邱说:"我是照我亲眼见到的说的,谁知道上了他的当呢?"田和叹着气说:"吴起用兵简直跟孙武、穰苴一样,他要是留在鲁国,咱们可就别想过太平的日子了。"张邱说:"我再去跟吴起商量商量,以后谁也不许侵犯谁,我要把这事办妥了,便能将功折罪。"田和就嘱咐他见机行事,留心去办。

张邱带着不少金子,打扮成做买卖的样子,到鲁国去见吴起,把礼物送给了他,请求他别再向齐国进攻。吴起对张邱说:"只要齐国不来侵犯鲁国,我决不叫鲁国去打齐国。"张邱从吴起那儿出来后,故意把这私自送礼的事吵嚷出去。鲁国人知道了这件事,便一传十、十传百地传扬开了,并且还添加了好些不中听的话,鲁穆公听说后便要查办吴起。

吴起逃到魏国,住在翟璜家里。可巧魏文侯和翟璜说起派人镇守西河的事,翟璜把吴起推荐出来,魏文侯就派吴起去做西河太守。

吴起到了西河,又拿出他那苦干的精神来了。他立刻修理城门、城墙,训练兵马。为了防备秦国,还修了一座非常重要的城叫吴城。他不但挡住了秦国,而且转守为攻,打到秦国去。秦国连续打了几次败仗,被魏国夺去了河西的五座城,吓得秦人不敢再往河西这边来,这一来魏国的名声可就大了。韩国、赵国、齐国都派使者来朝贺,尤其是齐国的相国田和,特别奉承魏文侯,把他当做新兴起的霸主。

人生箴言

> 子曰:"富与贵,是人之所欲也,不以其道得之,不处也。贫与贱,是人之所恶也,不以其道得之,不去也。"
>
> ——《论语·里仁》。

成长启示

孔子说:"生活富裕、地位尊贵,是每个人都希望得到的,但是如果不是通过符合道义的方式获取的,就不要。生活贫困、地位卑贱,是每个人都不希望过的日子,但是如果不是通过符合道义的方式摆脱掉的,就不去掉。"

西方的霸主

公元前 625 年，孟明视要求秦穆公发兵去崤山，以报仇雪耻。秦穆公一口答应了。孟明视、西乞术、白乙丙三位大将率领着四百辆兵车朝晋国开去。晋襄公接到报告后，就派中军大将先且居去迎敌。先且居是先轸的儿子，先轸为了上次向晋襄公啐了唾沫，一直觉得愧对国君。后来狄人前来侵犯，先轸打败了他们以后，却自己跑到狄人的阵营，脱下盔甲，叫他们射死了。他是借着敌人的手来惩办他侮辱国君的大罪。晋襄公痛失良将，大哭一场，拜他儿子先且居为中军大将。由于晋国早有准备，所以两国的兵马一交手，孟明视又打了个败仗。这可真叫他懊丧极了。虽然这次秦军不似上次败得那么惨，可是孟明视的这份懊丧却比上次还厉害。他那争强好胜的个性受到了严重的打击。他愕然发觉自己实在不是什么了不起的人物。上次的失败，他始终认为是中了晋国人的圈套，而不肯认输。他总以为如果晋国人能够给他们机会，让大家跑出又小又窄的山沟，在大空地上，明刀明枪地比个高下，他一定能把对方打得跪地求饶。然而，这次晋国人并没有埋伏，交战的地方也不是在山沟里，他竟这样明刀明枪地又被打败了，还能有什么借口呢？终于认输了。于是自己上了囚车，再也不敢奢望国君免他死罪。

谁知秦穆公依旧有他自己的盘算。他清楚孟明视的才干，也很知道他的缺点。秦穆公认为，一向在顺风里驶船的不一定是好船夫,他宁可把国家的大船交给遇过大风浪、翻过船的人。孟明视在什么地方受到挫折,秦穆公就要他在什么地方重新站起来。他对孟明视说:"咱们一连吃了两个败仗,我不能责怪你,我自己要负最大的责任。我只注重兵马,没有留意到国家政治以及老百姓的苦衷,这怎么行呢!你要知道,一个国家的兴亡成败不是一个人的事,打胜仗也不是你一个人的功劳,打败仗也不是你一个人的过错。全体将士兵卒、全国的人,甚至连一个火夫,都荣辱与共,我怎么能只怪你一个人呢?"

孟明视听完秦穆公这一番话,内心激动极了。他觉得自己对于君主、对于国家,好像欠下了一笔极大的债,他决意用他的每一滴血、每一分精神来偿还。他把家财全部拿出来,送给阵亡将士的家属,自己再也不要求吃大鱼大肉了,而是跟士兵一起过着劳苦的日子,和他们一起吃粗粮、啃菜根。他天天训练兵马,埋头苦干,他再也不仗恃自己的神勇蛮力了。他注重每一个小兵的力量。两年来,他好似变了一个人,他不再那么冒失、任性、莽撞了。他的额际出现了深深的皱纹,头发也花白了不少,但目光却依然炯炯有神。

那一年冬天,孟明视获得报告,说晋国联合了宋、陈、郑三国的军队往秦国的边界上来了。他嘱咐将士们好好守城,却不许他们跟晋国开战。晋国人先向秦国人挑衅,说:"你们已经道过谢了,我们也来还礼吧!"秦国人听了个个都气得摩拳擦掌,想跟晋国人拼个你死我活。孟明视却不声不响,依旧操练兵马,只把晋国的侵犯当做边界上的小事,并终于让他们夺去了两座城。秦国有人指责孟明视贪生怕死,甚至有人请秦穆公撤换将军。秦穆公说:"你们先别急,孟明视他自有主张。"可是孟明视到底有什么主张呢?附近的小国和西戎部族，目睹秦国接连打了三个败仗，都以为秦国气数已尽，再也不听秦国的使唤了。

公元前624年（崤山之后的第三年）夏天，孟明视请秦穆公一起去攻打晋国。他说："如果这次不能复仇雪耻，我绝不活着回来！"秦穆公说："我已连续败了三次，别说中原诸侯不把咱们放在眼里，就连西方的小国跟西戎的部族都不服从咱们了。如果这次再打个败仗，我也没有面目再回来了。"君臣二人商量好了以后，孟明视挑选了国内的精兵，预备妥五百辆兵车。秦穆公拨出大量的财帛，把士兵的家属全都安顿好。士兵们个个精神抖擞，全国的老百姓也都同仇敌忾。在大军出发当天，国里的男女老少全来送行。年迈的父母、年轻的妇女都嘱咐他们的儿子、丈夫说："不打胜仗，可别回来呀！"

大军渡过黄河后，孟明视对将士们说："咱们这次出征，只能前进，不能后退！我想把这些船全烧了，你们认为怎么样？"大家异口同声说："烧吧！赶快烧吧！打了胜仗，还怕没有船吗？如果打了败仗，还有脸回家吗？"

孟明视自己充当先锋，打头阵。士兵们憋了好几年的苦闷、委屈和仇恨，眼看就要一股脑儿迸发出来了。

几天后，他们不但夺回了上次失陷的那两座城，还攻占了几座晋国的大城。警报传抵绛城（晋国的都城，在山西省翼城县），晋国上上下下人心惶惶。赵衰、先且居都成了缩头乌龟，再不敢出面迎敌。晋襄公只好下令："只许守城，不准跟秦国人开战！"秦国的大军在晋国的土地上威风八面地找人打仗，可是没有一个晋国人敢出来跟他们拼命。最后，有人对秦穆公说："晋国已经屈服了，主公何不上崤山收埋死士的尸骨,洗雪从前的耻辱?"秦穆公就统领大军开赴崤山,只见遍地白骨森森,好不凄惨。他们把尸骨收拾起来,用草垫衬着埋在山坡下。秦穆公还穿上孝衣,亲自祭祀阵亡的将士,见景生情,忍不住放声大哭。孟明视、西乞术、白乙丙三个人更是连哭带喊,悲不自胜,全体士兵没有一个不动容落泪的。

西方的小国跟西戎的部族,一听说秦国打败了中原的霸主,都争先恐后地去进贡,在短短的期间内就有二十几个小国和部族归附了秦国。秦国也因此扩充了一千多里土地,做了西方的霸主。周襄王也打发大臣到秦国去,赏给秦穆公十二只铜鼓,承认他是西方的霸主。

人生箴言

圣人非不好利也,利在于利万人;非不好富也,富在于富天下。
——白居易《白氏长庆集》卷四十六。

成长启示

圣人不是不喜好利益,只不过他所喜好的利益要有利于大家;圣人也不是不喜好富裕,只是他所喜好的富裕是天下百姓的共同富裕。

哭秦庭

伍子胥打听不到楚昭王的下落，满肚子不高兴。后来听说囊瓦跑到郑国去了。他心想，楚王也许跟囊瓦在一起，而且郑国杀了太子建，这个仇也得报。于是他就带领兵马朝郑国进发。郑国获知这个消息，慌得六神无主，全国上下全都埋怨囊瓦，逼得囊瓦走投无路，只好自杀。郑定公把囊瓦的尸首献给伍子胥，还保证楚王确实不曾到过郑国来。伍子胥还是不肯罢休，非要把郑国灭了不可。郑国的大臣们都主张发动全国的人跟吴军拚个你死我活，郑定公说："郑国的兵力哪儿能跟楚国比呢？楚国都被他打败了，别说咱们这个小国了。"后来郑定公下了一道命令，说："谁能够使伍子胥退兵，谁就有重赏。"可是谁有这样的本事呢？命令发出了三天，没有一个前来应征。

到第四天，一个打鱼的年轻人来见郑定公，说他有办法叫伍子胥退兵。郑定公问他需要多少兵车，他说："不用兵车，也不用粮草，我只凭这个划船用的桨就能够把好几万的兵马打回去。"这话谁能相信呢？但是大家既然都没有办法，只得让他去试试看。那个年轻人腋下夹着一根桨，就到吴国兵营里去见伍子胥了，他一边唱歌，一边敲着那根桨打拍子，歌词是："芦中人，芦中人！渡过江，谁的恩？宝剑上，七星文，还给您，带在身。你今天，得意了，可记得，渔丈人？"

伍子胥一听，吓了一跳，连忙奔下来，问他："你是谁呀？"他说：

"您没看见我手里拿着的东西吗？我爹就是靠这根桨过日子，当初也是靠着这根桨救了您的命。"伍子胥顿时忆起芦花渡口逃难的情形，以及那个打鱼老大爷的恩德，不由得泪水夺眶而出，就问他："你怎么会到这儿来呢？"他说："我们打鱼的向来居无定所，这次是为了打仗，才来到这儿。国君下了个命令，说：'谁要能够请将军退兵，就重赏谁'，不知道将军能不能看在我死去爹爹的情面上，饶了郑国？"伍子胥非常感慨地说："我能够有今天，全都是你爹的恩德，我怎么能把他忘了呢？"于是他马上下令退兵。那个打鱼的年轻人欢天喜地去报告郑定公，他成了郑国人的大救星，郑定公封给他不少土地，郑国人差不多全叫他"渔大夫"。

伍子胥离开郑国，回到了楚国。他先把军队安营下寨，然后打发人分赴各地去探查楚昭王的下落。有一天，他接到老朋友申包胥一封信，信上写着："你是楚国人，为了替父兄报仇，你打败了本国，还用铜鞭抽打国王的尸首。如今你仇也报了，恨也消了，还打算怎么样呢？做事不能太过分，我劝你还是早点带着吴国的兵马回去吧。你大概还记得我说过的话吧：你要是灭了楚国，我一定拚了命把它兴复，请你再好好想一想。"伍子胥读了两遍，思索了许久。他对那个送信的人说："因为我太忙，没有工夫写回信，烦你带个口信回去，告诉申大夫，就说我说，忠孝不能两全。我积了十八年的深仇大恨，到今天已经无法收拾，也确实有点不近人情，但实在没有办法。"为了报私仇，伍子胥决心跟自己的国家为敌到底。

那个送信的回去之后，把这些话一字不漏地告诉了申包胥。申包胥知道已经不能再和伍子胥讲道理了，他想起楚平王夫人是秦哀公的女儿，楚昭王是秦国的外孙，就连夜动身到秦国去借兵。

他不分昼夜地奔走，走得脚趾头都裂伤流血。他从衣服上撕下一条布条，裹上脚继续赶路。到了秦国，见到秦哀公，说："吴王是个贪得无厌的暴君，他想并吞诸侯，独霸天下，今天灭了楚国，说不定明天就想要收服秦国。现在您的外孙子（指楚昭王珍）东奔西跑，还不知道保不保得住性命，请求您出面帮个忙。如果您能帮忙光复楚国，到那时候，我们愿意永远做您的属国。"秦哀公敷衍着说："你先到公馆里休息，让我再跟大家商量商量。"

秦哀公不肯发兵跟吴国打仗，申包胥三番两次地哀求他，他只是敷衍着。申包胥就站在秦国朝堂上昼夜嚎哭，大家都认为他是疯子，谁也不理睬他。他一连七天七夜不吃不喝，不躺不睡，只是抱着朝堂的柱子哭个没完，结果哭得秦哀公大受感动。他心里揣想着："楚国的臣下能够为了国君这么心急，居然七天七夜滴水不沾、粒米不进！我这里可找不出这么忠心的人来。楚国有这么了不起的贤臣还给吴国灭了；秦国找不出这样的人，能保证不会被人家灭了吗？万一吴国进犯咱们，谁来救我呢？即使是为劝化自己的大臣们，我也该出一回兵呀！"

秦哀公就派大将子蒲和子虎率领着五百辆兵车去跟吴国决一死战。申包胥一见秦国发兵，就先跑到楚国去报告楚昭王。楚国的君臣听说秦国发兵，就似绝处遇救星，立刻请申包胥带着楚王的一队兵马去跟秦国的兵马会合起来，楚国的大夫子西和子期也整顿了一部分兵马跟着去接应。

申包胥当了先锋，一遭逢吴国的公子夫概，就大打起来。夫概已经打了好几次胜仗，当然不把楚国人放在眼里。双方交手还不到一个时辰，夫概忽然发现对面竖着一面大旗子，上头有个"秦"

字。他怵然而惊,心想:"秦国的兵马怎么会到这儿来了呢?"随后就见子蒲、子虎、子西和子期的兵马都勇猛地冲了过来。夫概退下来足足有五十多里地,才稳住阵势,查点人马,差不多损失了一半。

夫概火速跑回郢都见吴王阖闾,说:"秦国的人马锐不可挡,怎么办呢?"阖闾没料到秦国会来跟他为敌,一时忧心忡忡。孙武说:"楚国地界大,人又多,要收服谈何容易? 更何况还有秦国帮助他!我当初劝大王立子胜为楚王,就是考虑到这一点。依我看,当前最好跟秦国讲和,答应他们恢复楚国。"这时候,伍子胥也只好同意这么做;只是伯嚭还不服气,他非要去跟秦国比个高下不可,阖闾就让他再去试试。

没有多久,伯嚭坐着囚车回来了,他带去的·万人马被人家杀得只剩下两千。孙武对伍子胥说:"伯嚭傲慢自大,将来一定会败坏你的事业。不如借着这次他打了败仗的理由,依照军法把他处治了。"伍子胥说:"这次他虽然落败,可是从前他也立过大功大劳。更何况我跟他本是同病相怜地在一起做事,怎么可以为了这一次的失败就杀了他呢?"他请求阖闾饶了伯嚭,孙武只是摇头不作声。

吴国的兵马和秦国的兵马仍在对峙的时候,夫概竟带着自己的一队人马偷偷地回到吴国去了。他派人向国里的人传话,说:"吴王给秦国人打败了,现在是死是活还不清楚。依照咱们的规矩,王位应该传给兄弟,我现在就是吴王了。"太子波、专毅和被离守在城门,不让夫概进入。夫概就派人到越国去借兵,应许将来送给他们五座城做为谢礼。

吴王阖闾听说夫概带着兵马私自回去了,满肚子疑窦。伍子胥说:"他八成是回去抢夺王位。这里有孙军师和我坐镇着,大王赶紧先带着一队人马回去吧。"阖闾带伯嚭连夜动身赶回。半路上，遇见太子波派的人。他们说："夫概自立为王，又勾结了越国，越国的兵马就快打进来了。"阖闾叫人去把孙武和伍子胥召回来，又通告夫概的军队，说："马上悔过的有赏，后来的死罪！"因此，夫概的士兵就大部分归附到阖闾这边来了。吴国人一听吴王回来了，就敞开城门，冲出来攻打夫概。夫概两面受敌，抵挡不住，只好逃到国外。

伍子胥还没退兵的时候，接到申包胥的一封信，说："你灭了楚国，我恢复了楚国。这两件事情都办到了。你我应当顾念自己的国家，别再伤和气了，连累百姓。你请吴国退兵，我也请秦人回去，好不好？"伍子胥和孙武答应退兵，不过要求楚国派使臣到吴国去迎接公子胜，并封给他一块土地，楚国同意了。吴国将士就把楚国库房里的财宝都运回吴国，又把楚国的老百姓迁移了一万多户到吴国，让他们居住在人口稀少的地方。

楚国都城已经被吴国毁了，楚昭王迁都到都城(在湖北省宜城县东南)，称为新郢。楚昭王经历了这次大难，立志整顿政治，安抚百姓，楚国人从此大约有十年光景过的是重建家园的艰苦日子。

人生箴言

临财毋苟得。

——《礼记·曲礼上》。

成长启示

> 在财物面前,一定要考虑如果得到它是否符合道义,如果不符合道义,就不要用不正当的手段取得。

庙堂之量

秦王苻坚举兵犯晋,他统帅的步骑兵近百万人,声威之盛,使得晋朝的文武百官都胆战心惊。独有宰相谢安,完全没把秦兵犯境这么重大的事情放在心上。

谢安的侄儿谢玄,向他叔父请示,这次出征,应如何迎秦兵?谢安毫不在意地说:"朝廷不是另有旨意给你吗?"说过就不理谢玄了。谢玄不敢多问,就叫张玄再请示。谢安也未答张玄的话,只顾左右而言他地传命备军,原来他老人家要到郊外别墅作乐去。在相府的亲友们都跟了去玩,谢玄不便不去,也跟到了郊外别墅。谢安对谢玄说:"来来来,我们下盘棋,我就以这别墅为赌注,我要是输了,我就把它送给你。"

二人对坐下起棋来。平时谢安的棋是下不过谢玄的,每次都要谢玄让几个子,而这一次,竟然没要谢玄让子,但结局是谢玄输了,因为他心里挂着怎样迎战强大的秦军,哪里还有心下棋呢!棋局结束后,谢安又提议游山玩水,谢玄也只得陪着,直到深夜方才回城。

中军将军桓冲对秦王苻坚的大兵南下，是沉不住气的。他惟恐建康京城有问题，就准备派三千精锐兵卒来保卫京城。可是谢安一口回绝了，说："用不着，你何必这样大惊小怪呢？京城自有京城的防御部队，何须你派队伍来增防？你的队伍，应当留着在西线防敌，京城里朝廷自有部署，用不着你烦心。"

桓冲退出相府，对他的部下说："谢相国虽然气度大，有所谓庙堂之量，宰相肚里撑得了船。话是不错，但他到底是个文臣，他不懂军事，现在大敌当前，秦军是虎狼之师，眼看着就要打到长江边上了，他老人家还在游山玩水，悠游自得，和朋友们聊天，和子侄辈下棋，鸟语花香的品茗酌酒，这简直是……并且，他所派出迎击敌军的将领，都是些小孩子，年轻识浅，怎能对付得了苻坚？何况军队又少，战斗力不强，胜负之局，已经清清楚楚地摆在眼前，我们眼看就要做亡国奴了。"

然而，战斗与桓冲估计的完全相反，淝水一战，强大的秦军，被几个毛头小伙子杀得风声鹤唳，草木皆兵。当这捷报传到京城，谢安正在和客人下棋，他看了看捷报，随即扔到床上，面上连一点喜色也不露，仍旧和客人下棋。

客人说："这报告里写的是什么？"

谢安漫不经心地说："小事情，几个小孩子们，把敌人苻坚给消灭了，如此而已。"他仍旧与客人下完棋才回内室。

谢安是真的若无其事，漫不经心吗？绝对不是。当他回内室，过门槛时，喜欢得连木屐底上的木齿都碰断了，但他自己还不觉得。

人生箴言

圣人于利,不能全不较论,但不至妨义耳。
——程颢、程颐《二程集·河南程氏外书》卷七。

成长启示

圣人对于有关利益的事情,也不是完全不理会,而只是使它不会妨害道义罢了。

一鼓作气

齐桓公听信鲍叔牙的话命管仲为相国。

这个消息传到鲁国,鲁庄公气得吹胡子瞪眼睛,说:"我真后悔当初不听施伯的话把他杀了!照这样下去,鲁国的处境让人十分担忧啊!"于是他开始操练兵马,打造兵器,企图报仇。齐桓公知道了,想先趁鲁国措手不及时进攻。管仲劝阻他说:"主公刚即位,军政都还没安定下来,不宜马上用兵遣将。"但是齐桓公不听劝告,他一心想耀武扬威,证明自己的能力远超过公子纠,好让大臣们心悦诚服。如果依照管仲的意见,先让政治、军事、生产等一件件都步入正轨,那还不知道要等到猴年马月,他于是叫鲍叔牙当大将,率领大军直逼鲁国的长勺。

鲁庄公愤慨至极,脸红脖子粗地对施伯说:"齐国简直欺人太甚了!咱们跟他们拼了!"施伯说:"我推荐一个人,保管他对付得了齐国。"鲁庄公迫不及待地问:"是哪个?"施伯回答:"这人叫曹刿,能文善武,是将相之才,要是咱们诚心诚意去请他,他也许愿意效命。"鲁庄公就命施伯尽快去招请曹刿。

曹刿终被他说动了,跟着他去求见鲁庄公。鲁庄公问他用什么好策谋可以击退齐国人。他说:"这很难说!打仗全凭随机应变,没有一成不变的法则可以依循。"鲁庄公很赏识他,就同他率领大军直驱长勺。

鲁国的兵马到了长勺,摆好阵势,和齐国的兵营遥遥相对。鲍叔牙因在乾时一役中大败鲁庄公的军队,难免有几分轻敌之心,即刻下令击鼓进兵。鲁庄公一听对方鼓声震天,就叫鲁兵也摆鼓对敌。曹刿制止他,说:"等一等,他们上次打赢了,现在锐气还很旺盛,一直想再大干一番,咱们不如暂时等待,别跟他们交手。"鲁庄公就下令:"不准喧嚷!不准开打!严阵以待!"齐国人在鼓声催促下冲了过来,却只遇到钢铁般的阵容挡在眼前,没办法打杀进去,只得退后。过了一会儿,齐国又打鼓冲锋,鲁国依然不动声色,未见一个人杀将出来。齐国人找不到对手交锋,悻悻然又退回去了。但鲍叔牙仍然兴致勃勃,他说:"他们不敢打,八成是在等救兵前来。咱们再冲一次,看他们上不上!"于是齐军第三次擂鼓。那些士兵接连冲了两次,以为鲁国人只守不战,已经兴趣索然,但军令不得不服从,只好勉强跑过去。谁知这时对方忽然鼓声大作,鲁国的将士霍地喊杀而出,刀砍箭射,打得齐国兵马七零八落,溃败而逃。鲁庄公想乘胜追击,曹刿却说:"慢着,让我瞧瞧再说。"他就站在兵车上,极目远望,又下车审视齐兵的车印和脚印,再往四周视察了一遍,才跳上车,说:"追吧!"他们一连追了三十多里,抢获敌人的辎重和兵器无数。鲁庄公大败齐兵后,问曹刿:"头两次他们击鼓进兵,你为什么不许咱们也击鼓呢?"曹刿说:"打仗全凭一股气势,击鼓就是叫人鼓起劲来,头一次的鼓,力量最盛;第二次的鼓就差多了;到了第三次,鼓即使震天价响,也不能挑起兵马的劲头了。趁着他们没劲的时候,咱们'一鼓作气'打过去,怎么会不赢呢?"鲁庄公一再点头表示赞同,但是他依旧不明白为什么对方逃了,还不尽快追上去。曹刿解释说:"敌人逃跑也许是诈,说不定前面设有埋伏,非得瞧见他们旗帜倒了,车子乱了,兵也散了,才能确定他们是否已经溃不成军,也才能放心大胆地追上去。"鲁庄公翘起大拇指,佩服地说:"你真是个精通兵事的将军啊!"

齐桓公打了败仗,不甘心,心想这下不但在臣子们跟前抬不起头来,而且平白损失了无数的兵器和车马,鲁国成了他的眼中钉。不久他叫人到宋国去借兵,想再对鲁国痛击一番。管仲知道齐桓公不碰几次钉子,便不会觉悟到一味用兵征战并不能稳固君位、赢得民心。他没有劝阻齐桓公,齐桓公这次又出兵了。宋闵公(宋庄公冯的儿子)派南宫长万帮齐国打鲁国,结果齐国又再次败北了,连宋国的大将南宫长万也被俘虏。齐桓公连败两次,非常懊恼,这才想到管仲的真知灼见,就去向他请教。管仲建议他整顿内政,开发资源,开采煤矿,设置铁官,用铁打造农具,因此大大地提高了耕作的技术;设置盐官制盐,鼓励百姓捕鱼,使离海较远的诸侯国不得不依赖齐国供应食盐。管仲本人是商贾出身,很重视通商和手工业。他说服齐桓公,分全国为士乡(就是农乡和工商乡),优待工商,使他们免服兵役,一心一意做买卖;优待甲士,使他们不必耕种,专练武艺。这些政策逐一实施后,齐国富强壮大起来了,也开始有余力操练兵马,并用青铜铸造兵器。齐桓公对管仲非常器重,凡事都请教他,甚至还听他的劝告跟鲁国交好,并让鲁国别跟宋国计较以前的过节,鲁国也很识趣,就把宋国的俘虏南宫长万释放了。从此以后,齐、鲁、宋三国和睦相处,尽消前嫌。但齐桓公还野心勃勃,想进一步联络别的诸侯,叫大家共同订立盟约,辅助王室,抵御外族,使他自己俨然成为一方霸主。

做/优秀的/自己

人生箴言

义以生利,利以丰民。

——《国语·晋语一》。

成长启示

道义是用来增加社会财富的,社会财富是用来使百姓富足的。

80

第三章
尊重别人首先善待自己

终于有一天,当我们开始发现,来自别人的关爱再也不能支撑自己的世界,我们忽然顿悟:要善待自己。

总是生活在重重的责任之中,才开始明白:人原来是被责任催老的。这样的表述不表明我们对于诸多责任的逃避,相反却是为了让我们更清晰地面对真实的生存。一路走来,历经了多少坎坷与不平,只有自己才铭记最深。当终于有一天,我们不能再去依赖于什么时,生活一下子变得鲜明而深刻。在我想来,每个人都首先给予自己一份必要的尊重与关怀,那么每个人就都从自己身上得到了,何须历经付出再渴盼接受呢?以往的岁月中,我们更多地体会了别人的给予和自己的付出所带来的愉悦,为何不先体验一番自我关怀所带来的快乐呢?缺少就去寻找,需要就去争取。爱就去爱,爱得无怨无悔;恨就去恨,恨得地动天惊;想哭就哭,想笑就笑;生命会因为淋漓尽致的释放而充满生机。

善待自己,需要勇气,在众口一词中,你要敢于唱出心灵中最真诚的呼唤,而不必扭扭捏捏,东遮西掩;善待自己,需要豁达;该要的就要,该让的就让,得到了,不去掩饰喜悦,失去了,也不过于苛求;善待自己,需要能力,你想拥有什么,你必须具备足够的能力,这样即使在拼搏中,你也会平添一份自信;善待自己,也需要平和,惟有洞悉了世象,一颗心才能不为泛滥的世潮所没,而认识到个人的精神可以独立于社会的时尚之外。

善待自己,绝不是无视他人。因为我们觉得每个人都应善待自己,而这个世界上每个人都是一个"自己"。所以我们就能更清醒地明了每个人都有善待自己的需要,因而才不会将自己突兀地凌驾于他人之上。支撑着"善待自己"的是我们与生俱来的平等,你为这个权利而奔忙,却不能阻碍别人同样的奔忙。于是,我们开始更仔细地认识世界,审视生存,把握人生。

生活着是美丽的,这美丽源于我们自己。

受了委屈,人发脾气太容易了。不容易的是受了委屈仍能处之泰然。有时候,修养就表现在这里,境界就表现在这里。

——读书札记

念旧情赠绨袍

　　秦昭襄王听了丞相张禄"远交近攻"的计策,准备进攻韩国和魏国。魏安僖王(魏昭王的儿子)听到此消息,立刻召集大臣们商量。魏公子信陵君无忌说:"秦国无缘无故地来打咱们,这明明是欺负咱们,咱们应当守住城狠狠地跟他们斗两下。"相国魏齐说:"现在秦是强国,魏是弱国,弱国哪能与强国斗呢? 听说秦国的丞相张禄是魏国人,他对'父母之邦'总有点情分。咱们不如先跟他交往,请他从中说情。"魏安僖王依了魏齐的办法,打发大夫须贾到秦国去求和。

　　须贾到了咸阳,住在宾馆里。张禄一听说须贾来了,心里悲喜交加,说:"这可是我报仇的时候了!"他换了一身破旧的衣裳去拜见须贾。须贾一见,吓了一大跳,战战兢兢地说:"范叔……你……你还活着啊? 我以为你给魏齐打死了,怎么会跑到这儿来?"

　　范雎说:"他把我扔在城外,第二天,我苏醒过来,正巧有个做买卖的打那儿路过,发了善心,救了我一条命。我也不敢回家,就随他到秦国来了,想不到还能够跟大夫再见一面。"须贾问他:"范叔到了秦国,见着秦王了吗?"范雎说:"当初我得罪了魏国,差点丧了命。如今跑到这儿来避难,哪还敢再多嘴?"须贾说:"那么,范叔在这儿靠什么为生呢?"范雎说:"给人家当使唤人,凑合着活下去。"

　　须贾知道范雎的才干,当初怕魏齐重用他,对自己不利,因此巴不得魏齐把他治死。如今范雎既然到了秦国,须贾就想"冤仇宜解不宜结"，倒不如好好地待他一番，免得他来报仇。他叹了口气，说："想不到范叔的命运这么不济，我真替您难受。"说着，就叫范雎跟他一同吃饭，很殷勤地招待他。

那时候正是冬天，范雎穿的是破旧的衣裳，冻得不住打哆嗦。须贾显出怜悯他的样子，对他说："范叔寒苦到这步田地，我真替老朋友难受。"于是就拿出一件丝绸大袍子（古时称绨袍）来，送给范雎穿。范雎推辞着说："大夫的衣裳，我哪敢穿？"须贾说："别再'大夫，大夫'的了！你我是老朋友，何必这么客气？"范雎就把那件袍子穿上，再三向他道谢。接着问他："大夫这次到这儿来，有什么事情吗？"须贾说："听说秦王十分重用丞相张禄，我想跟他交往交往，可苦于没有人给我引见。你在这儿这么些年了，朋友之中总有认识张丞相的吧，给我引见引见成不成？"范雎说："我的主人也是丞相的朋友，我跟他到相府里去过好几趟。丞相最喜欢谈论，有时候，我们主人一时答不上来，我凑合着替他回答。丞相见我的口齿好，时常赏给我一点吃食，还算瞧得起我。大夫如果要想见丞相，我就伺候着大夫一块儿去见他吧。"

须贾说："您能陪我一块去，这再好没有了。可是我的车马出了毛病，车轴头也折了，马腿也伤了，您能不能借一套像样点的车马给我呢？"范雎说："我们主人的车马倒可以暂且借用一下。"说着，他就出去了。

不一会儿工夫，范雎赶着自己的车马来接须贾，须贾心里怀着一肚子鬼胎，只好上了车，跟他一同去见丞相。到了相府门口，范雎先下了车，对须贾说："大夫先在这儿等着，我去通报丞相一声。"范雎就先进去了。须贾在门外等着，正等得心烦意躁的时候，忽然听见里边"丞相升堂"的喊声,可是就是不见范雎出来。须贾就问看门的说:"刚才跟我一块来的范叔,怎么还不出来?"那个看门的说:"哪来的范叔?刚才进去的是我们的丞相啊!"须贾一听,才知道范雎就是张禄,吓得脑袋嗡嗡地直响,赶忙剥下使臣的礼服,跪在门外,对看门的说:"烦你通报丞相一声,就说,魏国的罪人须贾跪在门外等死。"

须贾跪在门外,里面传令叫他进去。他跪在地上不敢站起来,用膝盖跪着走,一直跪到范雎面前,连连磕头,嘴里说:"我须贾瞎了眼,得罪了大人,请把我治罪吧!"范雎坐在堂上,问他:"你犯了几件大罪?"须贾说:"我的罪跟我的头发一般多,不可计数!"范雎说:"我是魏国人,祖坟都在魏国,哪会想在齐国做官,你硬说我私通齐国,在魏齐跟前诬告我。这是头一件大罪。魏齐发怒,叫人打去了我的门牙,打折了我的肋骨,你连挡都不挡。这是第二件大罪。后来他把我裹在一块破苇席里扔到厕所里,你喝醉了还在我身上撒了一泡尿。这是第三件大罪。我受了你这么大的侮辱,如今你落在我手里,老天爷也叫我报仇。你还想活命吗?"须贾又连着磕了几个响头,说:"是我该死!请大人治罪吧!"范雎说:"我本该砍下你的头,至少也得把你的门牙打掉,打断你的肋骨,也拿一块破苇席给你裹上。可是为了你这件绨袍,觉得你还有点人味儿,就为了这一点饶了你的命。你应当感激,从今以后改恶为善!"须贾没想到范雎这么宽宏大量,涕泪交加,一个劲儿地磕头。范雎叫他第二天来谈公事。

第二天,范雎禀告秦昭襄王说:"魏国打发使臣来求和,咱们不用一兵一卒,就能够收服魏国,这全都仗着大王的威德。"秦昭襄王很高兴。突然范雎趴在地上说："我有件事瞒着大王,求大王宽恕了我吧!"秦王把他扶起来说："你有什么为难的事只管说,我绝不怪你。"范雎说："我并不叫张禄,我是魏国人范雎。"他就把当初齐襄王怎么送他金子要留他做官,他怎么死命地推辞,但还是受了冤枉,魏齐怎么把他打得半死不活,又活了,怎么更名改姓逃到秦国从头到尾说了一遍。"如今须贾到这儿来,我的真姓名已经泄漏了,求大王宽恕。"秦昭襄王说："我不知道你受了如此大的委屈,如今须贾自投罗网,把他杀了,替你报仇!"范雎拦住说："须贾是为了公事来的,哪能为难他呢? 再说存心想治我于死地的是魏齐,我不能把这件事完全推在须贾身上。"秦昭襄王说："你真是天下少有的君子! 魏齐的仇我一定替你报,须贾的事,你自己去办吧。"

范雎出来,把须贾又叫到相府里来,对他说："秦王虽然答应了讲和,魏齐的仇却不能不报。你回去跟魏王说,快把魏齐的脑袋送来,再把我家眷好好地送到秦国,两国就此和好,要不然,我就亲自领着大军打到大梁去。到那时候,可别后悔!"

须贾谢过了范雎,就两个肩膀扛个脑袋,连夜赶回魏国。他见了魏王,把范雎的话学说了一遍。魏王一听,当时脸就绷了,嘴唇也毫无血色。他情愿好好地把范雎的家眷派人送到秦国去,可是叫他砍去相国的脑袋,这怎么行呢?

人生箴言

可与言而不与之言,失人;不可与言而与之言,失言。知者不失人,亦不失言。

——《论语·卫灵公》

成长启示

可以和他谈却没有和他谈,这是失掉了人才;不可以同他谈却同他谈了,这是浪费语言。明智的人既不会失掉人才,也不会浪费语言。

徐稚置刍

东汉的徐稚(字孺子)德才兼备,为人清高,不爱当官。尚书令陈蕃和仆射胡广等人上书举荐徐稚,桓帝派使者前去征召,徐稚也不肯答应。

徐稚曾被太尉黄琼征召做官,但他没有答应。黄琼死后归葬故乡时,徐稚背着口粮,徒步走到江夏去吊唁,并摆下鸡、酒进行微薄的祭奠,哭完就走了,也不肯说出自己的姓名。当时,会集的四方名士郭林宗等数十人听到了这件事,怀疑那个人就是徐稚,于是他们选派能说会道的文士茅容轻装骑马追赶。赶上后,茅容请他吃饭,二人边吃边谈耕种收割的事。临别时,徐稚对茅容说:"告诉郭林宗,大树快要倒了,不是一根绳子所能系住的,为什么还要忙忙碌碌?不如抽工夫安宁地呆一会。"郭林宗的母亲去世后,徐稚前去吊唁,把一束青草放到墓屋前就走了。众人感到奇怪,不知道这是什么意思。郭林宗说:"这个人一定是南州高士徐孺子。《诗》不是说么,'送上一束青草,那人的美德像美玉一般好。'我没有美德,不配接受这种馈赠啊。"

人生箴言

内举不避亲,外举不避怨。

——《礼记·儒行》。

成长启示

举荐人才,对内不避开亲人,对外不避开仇者。

言归于好

春秋时期,各诸侯国之间互相攻伐,战争此起彼伏。其中齐是发展快、实力强的国家,经常一手拿剑,一手拿橄榄枝,交替使用文、武两种策略。

鲁僖公九年(公元前651年)夏天,葵丘举行了一次盛大的集会。参加这次集会的,有鲁僖公、宰孔(周王室执政者之一)、齐侯(齐国国君)、宋子(宋国国君)、卫侯(卫国国君)、郑伯(郑国国君)、许男(许国国君)、曹伯(曹国国君)。他们在此相聚,重温过去的盟约,希望进一步发展友好关系。大家认为,这样做是合乎礼仪的。

周王派宰孔把祭赏赐给齐侯(齐桓公),说:"天子祭周文王、武王,派我把祭肉赐给您。"齐桓公正要下阶跪拜。宰孔说:"别忙,天子的命令还没有读完呢。天子还说:因为伯舅(周天子对异姓诸侯称伯舅)年岁大了,又有功劳,因此赏赐升格一级,不用下阶跪拜了。"

齐侯回答说:"天子的威严就在面前,我怎么敢根据天子的命令而不下拜呢?如果我不下拜,就有损于为臣的礼仪,使天子蒙羞。"说着,齐侯下阶,跪拜;接着登堂接受祭肉。

同年的秋天,齐侯在葵丘与诸侯会盟,说:"凡同属我们盟的人,在盟誓之后,就要友好相处。"

宰孔比其他诸侯先走一步,在路上遇到了晋侯(晋献公)。宰孔说:"您不要去参加会盟了。齐侯不致力于修德,而勤于远征,所以他向北袭击山戎,向南攻打楚国,在西边举行了这次会盟。齐国是否向东边征伐尚不清楚,但它向西征伐的意图很明显啊!晋国在西,大概会有祸乱了!您一定要致力于安定国内的祸乱,不要致力于参加会盟。"于是,晋侯回国去了。

人生箴言

民之所好好之,民之所恶恶之,此之谓民之父母。

——《礼记·大学》。

成长启示

民众所喜好的,当权者也喜好;民众所厌恶的,当权者也厌恶,这样才称得上是民众的父母官。

过桥抽板

宋太祖赵匡胤"陈桥兵变"后夺得帝位,任用赵普为枢密直学士,凡国家大事都与他商量。当时,禁军将领石守信、王审琦等人都是赵匡胤的亲信,是在"陈桥兵变"中拥立赵匡胤称帝的人,在军队中有很大的势力。

赵匡胤曾经问赵普说:"唐末以来,几十年换了若干姓皇帝,天下不安,这到底是什么原因?欲使国家长治久安,卿又有何良策呢?"

赵普回答说:

"天下不安的原因是将权重而君权轻。欲长治久安,就要夺权,收其兵,控其钱谷……"

心有灵犀一点通。赵普的话尚未说完,赵匡胤便止住了他。

就在这年秋天的一个傍晚,赵匡胤准备了丰盛的筵席,特邀石守信、王审琦等人宴饮。酒至半酣,赵匡胤突然感叹说:

"我不是靠着诸位的力量就没有今天,但是,做皇帝也难啊!反倒不如做个节度使快活。自从当了皇帝,我没有哪一个晚上睡安稳过!"

石守信等人听了急忙追问这是为什么。赵匡胤回答说:

"你们想想看,皇帝的位置谁不想要呢?我时时刻刻担心有人夺取帝位,能睡得安稳吗?"

石守信等人连忙说:

"皇上怎么这样说呢?现在天下已定,谁敢图谋不轨、自取灭亡呢!"

赵匡胤冷冷一笑说:

"你们几位当然不会。但是,假如你们的部属硬要把黄袍加在你们的身上,逼你们造反,就像你们当初对我那样,那恐怕就由不得你们了罢!"

石守信等人慌忙起身叩头,说:

"臣等愚昧,不曾想到这么远,还望皇上看在多年追随的情份上,给我们指一条生路吧!"

赵匡胤满心欢喜,嘴上却只是缓一缓口气说:

"唉,人生短促,不如及时行乐。我是没有办法的了,生就一世受苦的命,可你们还来得及。你们也算是功成名就了,何不放下兵权,选择藩镇大邑去多置田产,安享富贵?这样既可以使子孙后代无贫乏之忧,又可以使君臣之间无猜忌之疑,上下相安,那该有多好啊!"

石守信等人听到这里,心里头都明白赵匡胤这是要夺走他们的兵权,不管乐意不乐意,都只好下跪谢恩说:

"皇上关心臣等到这个程度,真是生死骨肉之情啊!我们还有什么好说的呢?"

第二天,石守信等人便当朝请病假请求免去军职。赵匡胤一一批准,个个给予重金赏赐。于是,石守信被封为天平节度使,王审琦被封为忠正节度使,高怀德被封为归德节度使,张令铎被封为镇宁节度使,一律出守外地。当时,地方的军权都归各州统辖,节度使不过是无权的虚衔罢了。

人生箴言

发号施令,在乎必行;赏德罚罪,在乎不滥。

——包拯《论星变》。

成长启示

发布的命令,关键是必须得到执行;奖善惩恶,关键是不任意扩大范围。

知己知彼

公元 1074 年,宋与辽发生边境事端,双方派代表在代州边界的黄平谈判。但由于辽方一再设置障碍,致使谈判不欢而散。第二年,辽方派使臣肖禧到宋京,声称:"不解决问题,誓不返辽。"宋方官员经常与肖禧通宵达旦谈判,因辽方无理纠缠,谈判毫无进展。

神宗忧心忡忡,他既不想与辽军交战,又不愿割让领土求和,最后决定派遣沈括赴江谈判。

沈括早年对宋、辽边界作过仔细研究,这次接到出使辽国的使命后,又查阅了档案、典籍,并向有关官员进行了解,弄清辽方两次所提界至前后不一。第一次所提界至与第二次所提有争议的黄克山,相差 30 里。他连夜草奏,上呈神宗。神宗看了奏章,向群臣说:"以往主持谈判的大臣不究本末,贻误国事。沈括精神如是,朕无忧矣。"神宗按沈括提供的资料,亲自绘制了一张地图。

第二天,沈括携带地图到馆舍拜会辽使肖禧。沈括说:"下官受皇上的委托,奉陪阁下,贵国有何要求,请向我提出。"肖禧以十分傲慢的口气说:"宋朝违背条约,侵犯我大辽边界。我们早有照会,要求重定边界。大辽皇帝派我来宋京,此事不解决,我无法回朝复命。"沈括面带微笑道:"本人对边界情况略知一二。贵国在照会中所提有争议地界,较原协议向前推进 30 里。不知阁下这次来宋京,是为解决边界争议,还是索取领土?"

肖禧毫无思想准备,故作镇静道:"大辽只要求按原协议重定边界,对宋朝绝无领土要求。"

沈括从袖中取出地图,说:"阁下声称并无领土要求,实属辽国大度。此图乃御笔绘制,请阁下过目。"

肖禧察看地图,只见山川河流无不详细,一时无言答对,只好委婉地说:"既然如此,我只好及早回国向大辽皇帝报告。"

肖禧走后,大家沉浸在喜悦之中。沈括却非常忧虑,他知道辽使虽然离去,边界争议却并未解决。目前辽国大军压境,如不急速赴辽,面见辽帝,将此事圆满解决,辽方随时都可能挥师南下。他遂将自己的想法面呈神宗,神宗深表赞同,并派沈括出使辽国。

谈判会场设在一个宽敞的帐篷内。辽方代表杨益戒宰相,是辽国手握实权的人物。他开门见山地说:"辽、宋地界需要重新划定,我们大辽多次派使臣赴宋,久未见答复。此次贵使前来,希望及早商定,免得又动干戈!"

沈括从容答道:"宋、辽地界早有定议,但是贵国所提黄克山为分水岭问题,文书上并没有记载,敝国不敢从命。我携带文书在此,请阁下过目。"随从人员将两国签订的文书,摆到谈判桌上,文书中明文记载:"黄克山以大山脚下为界。"

杨益戒无言以对,最后用威胁的口吻说:"贵国数十里之地不忍割让,难道要断绝两国友好关系吗?"沈括答道:"师直为忙,曲为老。北朝弃先君之大信,以威用其民,非我朝之不利也。"杨益戒见沈括态度强硬,言词锋利,只好宣布休会。

在第二次谈判中,杨益戒见逼索土地不成,便放弃黄克山地界之事,又提出天池子之归属问题。天池子属于宋国的领地,这在宋、辽签订的协议中早已确定,但协定允许一部分辽民在天池子牧马。

沈括说:"天池子乃宋国疆土,岂能更改!"

杨益戒说:"辽民在此牧马,极易引起冲突,有损两国关系,请阁下三思。"

"天池子归属乃先帝所定,本朝无权更改。至于武装冲突,本朝容忍是有限的,也请贵国三思。"

双方共进行了六次会议,沈括有问必答,言词犀利。杨益戒未料到宋朝竟有这样杰出的使臣,又听说宋朝正在边界集结军队作应战的准备,只好放弃逼索土地的要求,维持原协议所确定的边界,草草结束谈判。

沈括胜利完成赴辽使命,返回汴梁。神宗为嘉奖沈括的功绩,

做/优秀的/自己

任命他为翰林学士。

 人生箴言

德当仁，不让于师。

——《论语·卫灵公》。

 成长启示

    遇到应该做的事，不能犹豫不决，即使有老师在一旁，也应该抢着去做。

谁陪君王喝酒

春秋时,晏婴和穰苴是齐国的两位名臣,分别担任相国和大司马要职,主持政务和军务。

一天,齐景公在宫中喝酒时忽感无聊,吩咐侍从拿着酒具,要到晏婴家去接着喝酒。晏婴接到通报,马上穿着朝服,手拿笏牌站在门外,等候齐景公的到来。齐景公还未下车,晏婴就迎上去问道:"诸侯得无有故乎?国家得无有故乎?"当齐景公说明来意后,晏婴说:"安国家定诸侯的事,臣请谋之。至于陪您喝酒的事,您左右有的是人,臣不敢与闻。"

齐景公讨了个没趣,只好吩咐改到穰苴家去。不料到门口一看,这位大司马穿盔戴甲,手执长矛,见面就问:"诸侯得无有兵乎?大臣得无有叛者乎?"当齐景公说只是想喝几杯时,被穰苴以与晏婴同样的理由拒绝了。

各国诸侯听说这件事后,各自警觉,绝不敢轻易与齐国为敌,因为他们知道齐国有两个擎天大柱。

人生箴言

知之为知之,不知为不知,是知也。

——《论语·为政》。

成长启示

> 知道就是知道，不知道就是不知道，这才是最明智的。

孔子与仲由

仲由至贾市闲游，见一买者与卖者争吵不休。卖者道："我一尺鲁缟价三钱，你要八尺，共二十四钱，少一个子也不卖！"买者争辩道："明明是三八二十三，你多要钱是何道理？"仲由正直，笑对买者说："三八二十四才对，你错了。"买者不服，争执不下，便要打赌。仲由性烈，当场以新买的头盔为赌注。买者也火气正旺，愿以脑袋做赌注。二人击掌为誓，均找孔子评理。孔子听了原委，笑对仲由说："子路，你错了，快把头盔输给人家吧。"仲由一时气恼，愤然辞别师父，回家省亲。临行，孔子嘱曰："你此次探亲，当记两句话：古树莫存身，杀人莫动刃。"仲由应诺，毅然回了卞国。

仲由行在途中，忽遇雷雨，漫野荒凉，无避雨之所，唯见道旁立一古树，树洞硕大，足可栖身。仲由正欲避雨洞中，突忆师嘱：古树莫存身。便抽身离开古树，果然行不多远，一道闪电，随即"咔"的一声，古树被雷击断。仲由幸免于难，深谢老师不已。

寅夜时分，仲由方抵家中。他暗自思忖，我离家日久，妻子是否贞节？不如轻启门户，窥探一番。于是他跃入院墙，用刀尖拨开门闩,轻步床前,暗里一摸,竟有两个人头合枕而睡。仲由顿时怒从胆生,举刀欲砍,又忆起师嘱:杀人莫动刃。便放下刀,点灯一照,原来是妻、妹合床而眠。仲由吓出一身冷汗,多亏师父明鉴,才没有误杀亲人。

仲由在家只住一日,便回鲁城谢过师父指点之恩。他又大惑不解地问:"老师,明明是三八二十四,您为何说二十三呢?"孔子笑曰:"子路,你输了,头盔可以买到,若买缟人输了呢?"

人生箴言

尽信《书》,则不如无《书》。

——《孟子·尽心下》。

成长启示

完全相信《尚书》,那还不如不去读《尚书》。

水清无鱼

丙吉是汉宣帝时的丞相,以知大节、识大体著称,又宽厚待人,惩恶扬善,尤其是对下属,从不求全责备。对好的下属,他大力加以表彰;对犯了过失的下属,只要是能原谅、宽容的,他都尽可能地原谅、宽容他们。

丙吉有一个车夫,驾车的技术很好,其他方面也没有什么问题,就是有一个毛病——喜欢喝酒。他经常喝得大醉,出门在外也是这样。

有一次,丙吉出门办事,带了这个车夫驾车。殊不知他这次喝得大醉,车子还在路上,他就呕吐起来,把车上的座席都弄脏了。车夫一见自己弄脏了座席,吓得不知怎么才好。但丙吉并没有多说他什么,只让他把车上的污迹擦干净,然后又赶车上路。

回到相府,管家知道这件事后非常生气,狠狠地训斥了车夫一顿,并向丙吉建议说:

"大人,这个车夫实在是不像话,干脆把他赶走算了!"

丙吉摇摇头说:"不要这样做。因为他喝醉酒犯了一点小小的过失就赶走他,你让他到哪里去容身呢?他不过是弄脏了我的座席罢了,算不上什么大罪。还是原谅他吧,我相信他自己会改正的。"

管家这才没有赶走那个车夫。车夫知道是丞相的宽宏大量才保住了自己的工作后,内心非常感激,决心报答丞相。从此更尽心尽意地赶车,酒也喝得少多了。

车夫原本是边疆人,熟知边防报急方面的事情。有一次,他在长安街上看到一名驿站的官员疾驰而过,猜想一定是边境上发生了什么紧急的事情。于是他紧跟着到驿馆里去打听消息,果然得知是匈奴入侵中郡和代郡,那里的郡守派人告急。

车夫立即回相府,把自己探听到的情况向丙吉报告。丙吉知道宣帝马上会召自己进宫商议,便叫来有关方面的底下,向他们了解被入侵地区的官员任职以及防务等方面的详细情况,思考对策。

不一会儿,汉宣帝果然召见丙吉和御史大夫等人商议救援之事。由于丙吉事先已知道了消息,并且有所准备,所以胸有成竹,侃侃而谈,很快提出了可行的救援办法。而御史大夫等人却是仓促进宫,一点儿消息也不知道,对被入侵地区的情况也不太了解,一时之间根本就说不出什么来,更不用说切实可行的救援办法了。

两相比较,对照鲜明。汉宣帝赞赏丙吉"忧边思职",对御史大夫等人却很不满意。

退朝后,其他大臣对丙吉十分钦佩,丙吉却对大家说:

"实不相瞒,今天是因为我的车夫事先打听到消息并告诉了我,使我预先有了准备。当初,他曾经醉酒呕吐,弄脏了我的车座,我原谅了他,所以他才有今天的举动。"

人生箴言

闻之而不见,虽博必缪;见之而不知,虽识必妄;知之而不行,虽敦必困。

——《荀子·儒效》。

🕊 **成长启示**

听到而没有亲眼见到，虽然听的多，必定会有许多是错误的；见到了而不能理解，虽然记住了，必定会有许多是虚妄的；知道了而不去施行，虽然知识丰富，也必定会遇到困扰。

🍃 扬长避短 🍃

汉文帝十四年（前166年）冬，匈奴常犯边，文帝常思镇边良将。

一次，朝中无事，文帝乘辇出巡，路过郎署，见一老人站立房前，于是停辇下车向前问道："父老在此，想为郎官，不知家在何处？"老人答道："臣姓冯名唐，祖本赵人，至臣父时移居代地（今河北蔚县）。"文帝即位前，曾为代王，在代地居住多年。闻老人之言，文帝不禁忆起往事，说道："我居代时，尚食监高祛常向我说起赵将李齐，他与秦将王离战于巨鹿（今河北巨鹿县），非常骁勇，可惜今已不在，但我每次都会想到此人，不知父老知道此人吗？"冯唐见问，说道："李齐虽勇，尚赶不上廉颇、李牧。"文帝道："我若得廉颇、李牧为将，何惧匈奴。"冯唐看了看文帝，摇首道："陛下果真得到廉颇、李牧，恐怕也不会重用！"文帝见冯唐当众责己，心中不悦，拂袖上辇,起驾回宫。

文帝回到宫中,越想越生气,不知冯唐此言从何说起,遂令内侍召冯唐进宫。

冯唐奉召,来到宫中,见文帝面带怒色,心知原因,于是施礼后站立一旁,缄口不语。文帝开口诘道:"公为何当众辱我,难道不会私下再说吗?"冯唐见文帝如此,忙道:"臣不知忌讳,还望陛下见谅!"文帝又问:"公又怎知我不能重用廉颇、李牧?"冯唐答道:"臣闻上古明主,遣将出征,非常郑重,临行必屈膝嘱将道:'朝门以内,听命寡人;朝门以外,听命将军。军功爵赏,统归将军处理,可先行后奏。'这并不是空谈。臣也听说李牧为赵将,边市租税,可收的自用,飨士犒卒,不必上报,君主也不遥控,如此李牧才得以充分施展才能,统军北逐匈奴,西抑强秦,南防韩、魏,东灭澹林。试问陛下能如此信任他人吗?近日魏尚为云中(今山西长城外、内蒙古西南部一带)守,所收市租,尽飨将士,且出私钱,宰牛置酒,遍飨军吏、舍人。因此,将士愿效死命,合力镇边。匈奴一次犯边,就被魏尚领军截击,将胡兵杀得大败,抱头鼠窜,不敢再来。陛下却因他报功不实,所差敌首只有六级,就把他捉拿入狱,罚做苦工。如此,不是法太明、赏太轻、罚太重了吗?所以臣说陛下若得廉颇、李牧,也不能重用!"文帝听后,觉得冯唐言之有理,遂转怒为喜,命冯唐持节前往狱中,赦出魏尚,仍拜为云中守。因冯唐荐人有功,被特拜为军骑都尉。

魏尚复出镇边,匈奴闻后,果然畏惧,不敢犯边。北方边境,暂时得到安宁。

人生箴言

博学之,审问之,慎思之,明辨之,笃行之。

——《礼记·中庸》。

成长启示

广泛地学习,详细地询问,做出明确的辨析,对自己所学的东西慎重地思考,然后认真地实行。

分庭抗礼

有一天,孔子带领他的弟子们在树林之中休息。弟子读书,孔子弹琴。孔子弹奏一曲未完,忽然从河里驶过一条船来,从船上走下一位须眉全白的老渔父。老渔父走上河岸,坐在树林的另一头,侧耳恭听孔子的演奏。等到孔子弹完了一支曲子,他招手叫子贡、子路到他面前,问道:

"这位弹琴的人是谁呀?"

"是我们的先生,鲁国的君子孔子呀!"子路朗声回答他,子贡又补充说:

"他就是性情忠信、身行仁义、上以忠世主、下以化于黎民、当今闻名于各国的孔圣人啊!"

"哦,是这样。"渔父微微一笑,"恐怕是危忘真性,偏行仁爱呀……"说完,转过身来朝河岸走去。

子贡急忙把这位渔父说的话告诉孔子,孔子放下琴,猛然站起身子,惊喜地说:"这位是圣人呀,赶快去追他!"

孔子快步赶到河边,渔父正要划船离岸,孔子尊敬地向他拜了两拜,说:

"我从小读书求学,到如今已经六十九岁了,还没有听过高深的教导,怎敢不虚心地请求您的指教呢?"

渔父也不客气,走下船来,慢悠悠地对孔子讲:

"真者,精诚所至也。不精不诚,不能动人,故强哭者虽悲不哀，强怒者虽严不威，真亲未笑而和。真在内者，神动于外，是所以贵真也。其用于人理也，事亲则慈孝，事君则忠贞，饮酒则欢乐，处丧则悲哀……"

孔子听得津津有味，不住地点头，卑谦地对渔父说：

"遇见先生真是幸运，我愿意做您的学生，得到您的教导，请告诉我您的住址行吗？"

渔父没有告诉他住在哪里，跳上小船，独自划船走了。这时颜渊已把车子拉过来，子路把上车拉的带子递给孔子，但孔子全不在意，两眼直勾勾地望着渔父的船影，一直到看不见船的影儿，听不见划水的声音，才惆怅地上了车子。

子路看到先生这出乎寻常的表现很不理解，站在车旁问孔子说：

"我跟您已经很久了，还从没见过像渔父这样傲慢的人。就是天子、诸侯、大夫同您见面，也都是分庭抗礼、平起平坐的，而您还带有自尊的神色呢！可今天那个渔父撑着船篙，漫不经心地站着，您却弯腰弓背，先拜后说话，是不是太过分了呀？我们几个弟子都对您的举动感到奇怪，对渔父怎么可以如此恭敬呢？"

孔子听了子路的话，很不高兴，伏着车木叹口气说：

"子路呀，你真是难以教化呀，你那个鄙拙之心至今未改！你靠近一点，我告诉你听：遇年长的人不敬是失礼，遇贤人不尊是不仁，不仁不爱是造祸的根本。今天这位渔父，是懂得大道理的贤人，我怎么能不尊敬他呢？"

子路、子贡和其他弟子们只好听从先生的教导。

人生箴言

归真反璞,则终身不辱。

——《战国策·齐策》。

成长启示

去除虚伪,回归真实,则终身不会受辱。

举案齐眉的夫妻

东汉时期,有位年轻人叫梁鸿,他的父母早亡,家境贫寒,可梁鸿的志向却很高远,他发愤读书,一直读完了太学。

梁鸿从太学院毕业后,并没有求官入仕,而是回到家乡,埋头苦读经史,学问更加渊博。家乡一些有钱有势的大户人家都钦慕梁鸿的贤德,纷纷托人前来提亲,可都被梁鸿回绝了。

家乡有位姓孟的姑娘,长得又黑又丑,但心地善良厚道,她已年过三十,尚未嫁人。父母要为她提亲,她却说:"除非像梁鸿那样才学渊博、品德贤良的人,我才愿意出嫁!"

梁鸿听说了这个消息,就同意娶她为妻。到了出嫁那天,孟家姑娘身着绫罗绸缎,脸上搽满香粉,坐着花轿来到梁鸿家。梁鸿见花轿里走出来的竟是位浑身珠光宝气的女子,不禁大失所望,说:"这哪是我梁鸿要娶的妻子!"说完,拂袖走进书房,几天不与妻子说话。

结婚后的第七天,新婚妻子脱掉艳装,抹去脸上的脂粉,换上一身粗布衣裳。接着,她亲自下厨煮了碗小米粥,盛放在一只托盘上,用手托着走进梁鸿的书房。梁鸿只顾低头看书,理都不理新婚妻子。妻子跪在梁鸿面前,把托盘举到与眉毛平齐的地方,轻声说道:"请夫君用餐!"

梁鸿见妻子这身打扮,吃了一惊,愣在那儿不知如何是好。妻子继续说道:"我听说夫君的志向很高,选择妻子的条件不同一般,我能被您选择为妻,备感荣幸。可您七天不与我说话,我一定犯了什么过失,请您向我指明!"

梁鸿诚恳地解释道:"我想娶的是俭朴厚道、能与我隐居深山的女子。可结婚那天,你却戴金披银,搽脂抹粉,这哪是我所希望的呢!"梁鸿话刚说完,妻子就抿嘴笑了:"夫君,那天我之所以那样穿戴,只是想看一看你的志向是真是假啊!"

听了妻子这番话,梁鸿方才明白,原来妻子是有意试探自己的呀!他忙扶起妻子,兴奋地说:"这才是我心目中的好妻子呀!"他高兴之余,还给妻子起了个名字,叫孟光。不久,他们夫妻二人一起来到了霸陵山,在那里过起了闲适的隐居生活。

人生箴言

弟子不必不如师,师不必贤于弟子。

——韩愈《师说》。

成长启示

做学生的不一定样样都比不上自己的老师,做老师的也未必处处都要比弟子高明。

"正襟危坐"的宋忠与贾谊

西汉时,有一个叫司马季子的人,通晓天文地理,见识极高。他游学长安,以卖卜为生。有一天,大夫宋忠和博士贾谊在一起谈论先王圣人的道术。贾谊说:"我常听说,古之圣人,不在朝廷为官,必然在卜医者的行列中。现在朝廷中的三公九卿我们都见过,不知卜者中是否还有能人。"于是,他们二人便来到市井的卜肆中。当时,刚下过雨,肆上人很少,司马季子正由三四个弟子侍候着在那里谈天说地,宋忠和贾谊很恭敬地拜见了司马季子。司马季子请他们坐下之后,便滔滔不绝地讲了起来,语数千言,无不顺应天理。

宋忠和贾谊深为司马季子的博闻强记和表达才能所折服,二人揽其冠缨正其衣襟,恭敬严肃地说:"看先生之状貌,听先生之言辞,实在是位了不起的人物,我们接触了许多知名人物,没有一个比得上先生,你为何要身居卜肆干此卑贱之事呢?"司马季子听罢捧腹大笑,说贤明的人是不和不肖之辈同流合污的。

人生箴言

> 不自见故明,不自是故彰,不自伐故有功,不自矜故长。
>
> ——《老子》。

成长启示

> 不自我表现,所以高明;不自以为是,所以显著;不自我夸耀,所以能建立功勋;不骄傲自满,所以能够长久。

居官守法

战国时,秦国国君秦孝公准备任用商鞅进行变法,即将实行的新法将大大提高农民和将士的地位,对秦国在当时称霸于其他诸侯国十分有利。但是,新法又威胁到了贵族和大大小小封建领主的利益,因此变法之前就遭到了一些权贵们的强烈反对,弄得秦孝公左右为难。

有一天,秦孝公让大臣们议论变法的事。大夫甘龙和杜挚极力反对变法,他们认为,风俗习惯不能改,古代的制度不能变,否则大家都觉得不方便,国家就会灭亡。

面对这些人的反对,商鞅据理力争。他认为:甘龙的话,是世俗之言。一般人安于故俗,学者们沉溺于自己的所见所闻。这些人如果让他们当官谨守成法(居官守法)还可以,要是和他们谈论成法以外的事,他们一窍不通。古代的制度也许只适合古人的需要,但后来制度都变了,以前的制度也就没有了。成汤和武王改革了古代制度,却复兴了国家。所以,古代应用古人的制度,今人应用今人的制度。要想国家强盛,就得改革制度,实行变法。死守古法,就会亡国。

　　秦孝公很同意商鞅的意见,便拜他为左庶长,于秦孝公三年(公元前 359 年)实行了变法。

人生箴言

> 君子义以为质,得义则重,失义则轻,由义为荣,背义为辱。
>
> ——陆九渊《与郭邦逸》。

成长启示

　　君子以道义为重,得到道义的人就受到尊重,丧失道义的人就受到轻视,遵守道义的人光荣,背离道义的人则耻辱。

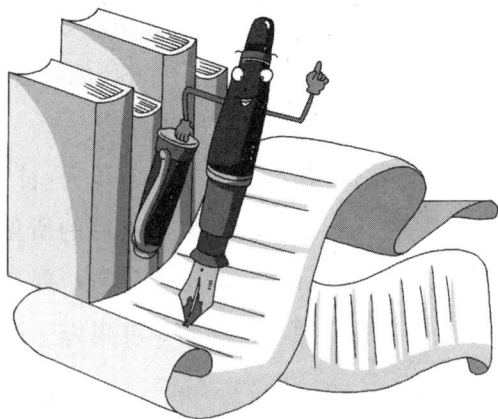

戏弄使臣的后果

孙叔敖死了四年之后,楚庄王也去世了。晋景公打算利用这机会,耀武扬威一番,就引兵先去攻打齐国。

原来当时中原的诸侯国如郑国、陈国、宋国等都归附了楚国,就连齐国和鲁国也跟楚国亲善起来。晋景公眼看情势的发展对晋国十分不利,心里非常焦急。他采纳了大夫伯宗的建议,派遣大夫郤克去访问齐国和鲁国,打算先将这两个国家联合起来。

公元前 592 年,郤克访问过鲁国之后,正准备前往齐国。鲁国正好也有意和齐敦睦一番,鲁宣公就派遣季孙行父跟郤克同行。两国的大夫来到齐国的边界,凑巧遇见了卫国的使臣孙良夫及曹国的使臣公子首,他们也要到齐国去。四国的使臣就一起到齐国去见齐顷公(齐桓公的孙子,齐惠公的儿子)。齐顷公见了他们差点笑出声音来,他强忍着笑,办完了公事,请他们第二天到后花园参加宴会。

齐顷公回到宫里见到母亲萧太夫人,就噗嗤笑了出来。太夫人问他什么事如此好笑。齐顷公说:"今天晋、鲁、卫、曹四国的大夫一块儿来访问,已经够巧的了。谁知晋国的大夫郤克瞎了一只眼睛,只眨巴着一只眼睛看人;鲁国的大夫季孙行父是个秃子,头上无发,又光又滑,永远不必梳头;卫国的大夫孙良夫是个瘸子,两条腿,一条长,一条短;曹国的大夫公子首是个驼子,老是弯着腰。您想一个瞎子,一个秃子,一个瘸子,一个驼子,不约而同地到了这儿,不是挺有意思的吗?"萧太夫人说:"真有这种怪事吗?明天我可要好好瞧一瞧。"

第二天,齐顷公特地挑选了四个人招待这四个大夫,陪着他们到后花园来。接待瞎子郤克的也是一个瞎子,接待秃子季孙行父的也是一个秃子,接待瘸子孙良夫的也是一个瘸子,接待驼子公子首的也是一个驼子。萧太夫人在楼台上瞧见单眼瞎子、秃子、瘸子、驼子,成双成对地走过来,不禁捧腹大笑。旁边的宫女们也跟着笑弯了腰。郤克他们开始瞧见那些招待人员都带点残疾!还以为是凑巧的事,并不十分在意。一听见楼台上不绝于耳的笑声,才意识到是齐顷公故意戏弄他们,个个气得脸色铁青。

周定王十八年、晋景公十一年、齐顷公十年、鲁成公二年(公元前589年),晋景公拜郤克为中军大将,带着栾书、韩厥等人率领八百辆兵车浩浩荡荡向齐国进攻。鲁国季孙行父、卫国孙良夫、曹国公子首也各自带领着兵车前来会合,四国兵车绵延三十多里,一辆接一辆地往前奔去。

齐顷公听说四国出兵来犯,就挑选了五百辆兵车前去迎战,双方在鞍地(就是历下,在山东省历城县)交战。齐顷公派国佐、高固两个大将去对付鲁、卫、曹三个小国的军队,自己带领着一队兵马去跟晋国军队交战。齐国的军队抵挡不住,大败而逃。司马韩厥看见郤克身负重伤,赶忙请他先回去休息,自己代他去追击齐顷公。齐国人已被打得乱窜乱逃,齐顷公往华不注山(在山东省历城县东北)的方向逃去,韩厥在后面紧追不舍。不多久,晋国的士兵越来越多,团团围住了华不注山。

齐国的将军逢丑父对齐顷公说:"咱们已经被围住了,主公赶快跟我换穿衣裳,交换座位,让我假扮主公,主公您假扮臣下,也许还能够有条活路。"齐顷公只好照办。他们刚穿好衣服,换妥座位,韩厥的人马便赶到了。韩厥上前拉住齐侯的马,向假扮的齐侯逢丑父行个礼,说:"寡君答应了鲁、卫两国来向贵国责问,我只好尽我军人的职责,请君侯跟我到敝国去吧!"逢丑父用手指头指着喉咙,显出一副渴得不能说话的样子,然后拿出一个水瓢,交给齐顷公,挣扎着说了一句:"丑父,给我舀点水来。"齐顷公下了车,向韩厥行个礼,征得了他的许可,就拿着水瓢假装去舀水,终于逃跑了。韩厥等了一会儿,不见那舀水的回来,就把那装扮成齐侯的逢丑父带回兵营里去。大家听说擒住了齐侯,都兴奋极了。没想到郤克出来一瞧,却说:"这不是齐侯!"韩厥大怒,揪住他问:"你是什么人?齐侯呢?"他说:"我是逢丑父,主公已经拿着水瓢逃走了。"郤克说:"你冒充齐侯瞒骗我们,还想活吗?"逢丑父说:"像我这样肯代国君死的忠臣,竟要被贵国杀害了。"郤克听了,若有所悟,就只好把他拘押起来。

郤克领着大军及鲁、卫、曹三国的兵马往临淄进攻,决心灭掉齐国。齐顷公只好打发国佐携带着厚礼到晋国兵营去见韩厥,向他求和。韩厥说:"因为贵国屡次侵犯鲁、卫两国,他们才请寡君出面主持公道,本来我们和贵国是无冤无仇的呀!"国佐说:"寡君愿意把从鲁国和卫国夺来的土地还给他们,这样总该可以讲和了吧?"韩厥说:"这个我不能做主,咱们去见中军大将吧!"

韩厥引着国佐去见郤克,郤克说:"如果你们真心打算求和,就得依我两件事:第一,萧同叔子(就是萧太夫人)必须到晋国来做抵押;第二,齐国境内田地的垄亩全得改为东西向。万一齐国违反盟约,我们就杀了人质,兵车顺着垄亩由西向东直攻到临淄。"国佐说:"将军您这个主意行不通呀!萧太夫人是齐国的国母,列国的争端再多,没有拿国母当抵押的道理。至于田地垄亩的方向全是依天然形势辟成,哪能统一改成一个方向呢?将军提出这两个条件,想必是不答应讲和了!"郤克说:"就不答应,你敢怎么样?"国佐说:"将军您别太瞧不起齐国,虽然我们打了个败仗,也不至于一蹶不振。要是您不答应讲和,我们还可以再打一次;第二次如果又打了败仗,还可以来第三次;第三次如果又败了的话,顶多是亡国,也不至于拿国母当抵押,更用不着改变垄亩的方向。您不答应就算了!"说毕,他站起来走了。鲁大夫季孙行父、卫大夫孙良夫听说了这件事,生怕事端扩大,都力劝郤克宽容一些。郤克是个聪明人,就顺水推舟地说:"只要两位大夫同意他们讲和,我也不坚持己见。可是齐国的使臣已经走了,怎么办呢?"季孙行父说:"我去追他回来。"

齐国就这样又归到晋国这边来了。齐顷公还按照合约把从鲁国和卫国夺得的土地退还他们。大家订了盟约,晋国把逢丑父释放回齐国,四国的军队全都撤回本国去了。

人生箴言

有则改之,无则加勉。

——朱熹《四书章句集注》。

成长启示

有错误就改正,没有错误则勉励自己做得更好。

桃李不言,下自成蹊

汉朝初年,杰出的军事将领李广是一位难得的爱国英雄。他擅长骑射,英勇机智,沉着过人。担任上郡(今陕西与内蒙古交界一带)太守时,和匈奴打过不少恶仗。有一次,他率部下百十人追击匈奴的神箭手,和一支匈奴骑兵大部队遭遇上,敌人有数千名之多。部下见敌众我寡,个个大惊失色,准备快马加鞭转身撤退。李广却说:"慢!我方的大营离这里有数十里之远,现在我们要是转身逃跑,立即会被匈奴追上射杀干净。不如留在原地不动,匈奴一定会怀疑我方有伏兵,反而不敢进攻我们。"于是他命令士兵全部下马卸鞍,一副悠闲自在的样子。匈奴人摸不透汉军葫芦里卖的什么药,不敢贸然上前进攻,担心中了埋伏,相持到夜黑时分,果然仓皇退去。由于李广临危镇定,终于化险为夷,挽救了全体将士的性命。

李广作战时如同猛虎,但平时却沉默寡言,对士兵特别体恤爱护。他与士兵一个锅里吃饭,一个帐篷里睡觉;行军口渴遇上水源时,不到士兵们喝够,他是不会向河水走近一步的;皇帝赏给他的物品,也总是与部下一同分享。为此,士兵们都非常爱戴他,跟随他作战都非常英勇。

李广一生和匈奴进行过大小七十多次战斗,立下了辉煌的战功,连匈奴的国王也不得不敬畏他的威名。可是汉朝的统治者始终没有重用他。相反,在他六十多岁高龄奉命出征与匈奴作战时,竟逼他自杀而死。他死的那天,全军将士个个失声痛哭。老百姓听到消息,也无不悲伤流泪。

司马迁在他的巨著《史记》中,以赞颂的激情,记叙了李广可歌可泣的一生,司马迁评价道:李将军生性耿直诚实,口才不好,看上去像个乡下的农民。但他死的时候,举国上下,无不为他默哀悲悼。俗话说:"桃李不言,下自成蹊。"这句话听起来多么平常,其实包含着很深刻的道理呀!

人生箴言

> 与人不求备,检身若不及。
>
> ——《尚书·伊训》。

成长启示

对待别人不要求全责备,对待自己则要严格要求,时时刻刻反省自己。

以礼待人

张仪是战国时期有名的政治家,他帮助秦国消灭六国,成为第一个统一中国的王朝。在张仪还没发迹的时候,他四处流浪,游说诸侯,希望有人能重用他。但千里马常有,而伯乐不常有,张仪一路上受过不少白眼。因为听说秦惠王求贤若渴,他就决定前往秦国。

在路过东周的时候,张仪受到了周昭文君的礼遇。原来在他还没到东周的时候,就有宾客对周昭文君说:"魏国的张仪是一个人才,他现在要前往秦国,希望大王能以礼待他。"周昭文君见了张仪,觉得他一表人才,博古通今,真是一个难得的人才,但苦于自己权力衰微,无法留住张仪。

一日在宴席之上,周昭文君诚恳地对张仪说:"听说您要去秦国,寡人国小,不足以让您施展才能。但您去秦国也不一定能受到重用,如果不能的话,请您还是回到这里,只要您不嫌弃东周弱小,寡人愿与您一起分享。"

张仪听了十分感动,他说:"我去秦国的决心已经不能更改了,但大王的恩德,我一定谨记在心。"

后来张仪到了秦国,果然得到了秦惠王的赏识,被重用为丞相。但周昭文君的礼遇,张仪始终记在心里,一有机会就会报答。在诸侯会合的时候,张仪对待国小民弱的周国,比对待那些大国还要尊重,周昭文君也因此受到了诸侯国的尊重。

人生箴言

吾师道也,夫庸知其年之先后生于吾乎? 是故无贵无贱,无长无少,道之所存,师之所存也。

——韩愈《师说》。

成长启示

我向老师学的是知识、道理,何必管他的年龄比我大还是小呢? 所以说不论贵贱,不论长幼,只要能够传授给我知识和道理的就是我的老师。

唐临厚待仆人

　　唐临是唐朝时一位高官。有的人做了官，往往就骄横起来，目中无人，对下属不讲礼貌，更别说对仆人们了，动辄就是喝斥、责打，结果只会闹得下人们战战兢兢，家里没一点祥和的气氛。唐临却不然，他为人宽厚，很少责怪别人，仆人们犯了错，也总是原谅他们，还巧妙地为他们掩饰，不让他们显得太难堪。由于唐临的大度，仆人们也十分爱戴他，办事尽心竭力，合作非常愉快。

　　有一次，唐临出门办事，路上突然想起今天一位朋友家有丧事。按理说，他应该前去吊丧。可是，他没有带来丧礼上应用的白衣服，就吩咐仆人回家去取。这仆人办事麻利，一会儿便抱着衣服跑回来了。来到跟前的时候，他忽然发现了什么事儿似的，停了下来，神色非常尴尬，甚至有点惊惶。只见他抱着衣服，低着头，嘴里嘟嘟囔囔地想说什么，却没敢说。

　　唐临见了仆人的样子，感到奇怪，刚想问他出了什么事，一低头，看见了仆人怀中的包袱，一下明白了。原来，这仆人手脚倒挺麻利，就是有点粗心大意。他急匆匆地赶回家去，找到衣服，包上就往回跑，却手忙脚乱地把颜色给拿错了。唐临见仆人又难过又害怕的样子，知道他怕被自己斥责或赶走，便想着如何让他放心。灵机一动，计上心来，他故意做出疲惫不堪的样子，对这仆人说："今天我有点不舒服，太累了，吊丧的事就算了吧，这衣服你先拿回去，以后再说。"仆人知道主人在呵护自己，不觉从心眼儿里感激他。

又有一回,唐临生病卧床,医生给开了药让一个仆人每天煎一服给唐临喝。一天,这仆人刚将药熬上,赶上几个朋友来找他一起去玩,由于年轻贪玩,不经意间过了很长时间。突然间,他想起自己该去看药了,可等他赶回去看时,发现药都已熬干了,一股子焦煳的药味在房中弥漫。这下他可慌了神,想起平日里主人待自己这么好,自己却因为贪玩耽误了主人吃药,心里别提多难过了。他硬着头皮,把药罐端上去,心想这一下主人不定会怎么责骂自己。谁知唐临见了,只是轻描淡写地说:"今儿天有点潮,这药性主湿,还是不喝得好。你去把药倒了吧,没关系,明天再熬一剂就是了。"这个仆人别提多感激了。

人生箴言

> 善之本在教,教之本在师。
>
> ——李靓《广潜书》之十五。

成长启示

美善的根本在于教育,教育的根本在于老师。

魏照学做人

魏照自幼就敏而好学,渴求知识。一天,有人告诉魏照,有个叫郭泰的大学者,学识渊博,有经天纬地之才,魏照听闻后便立刻前去拜访。

经过数月奔波,魏照终于见到了郭泰。郭泰问魏照:"你为什么要来学习呢?"魏照说:"老师,我要读书,还要学做人。能够教知识的人容易找到,但能教怎样做人的老师却不容易找到,我来您这儿学习,就是要学习您的品行,使我从浅陋无知变成一个品德高尚的人。"

从此,魏照不仅跟郭泰学习知识,而且经常注意观察郭泰的一言一行,一举一动,学习他待人接物的谦逊美德。

时间一天天过去,他对郭泰高洁的品行感受越来越多,也越来越尊敬郭泰。魏照这样尊敬老师,郭泰全都看在眼里,他把魏照看做自己事业的继承人,对他循循善诱,着力培养。

后来魏照终成大器。

人生箴言

学贵得师,亦贵得友。

——唐甄《潜书·讲学》。

🕊 **成长启示**

在求学的过程中,难能可贵的是有老师和朋友。

诸葛亮改错

诸葛亮年少时,在水镜先生司马徽那里读书。水镜先生有个习惯,每天中午只要鸡叫三声,他就放学。小诸葛亮想多听一会儿老师的讲课,就想出了一个方法,他在裤子上缝了一个口袋,里面装上几把米给公鸡吃,公鸡快吃完时他就又撒一把。等公鸡把一口袋米吃完再叫时,老师已多讲了一个时辰。

纸终究包不住火,诸葛亮撒米喂鸡的事被师娘发现了。师娘把这件事告诉了水镜先生,先生很生气,令其退学回家。

诸葛亮伤心地哭了,母亲问明原因后,说:"你知错就改就对了,过两天你去向先生好好认错吧!"

再说水镜先生骂走诸葛亮后,就觉得这样做不对。他想,诸葛亮喂鸡也是为了求学,怎么能赶走他,不让他上学呢?次日,水镜先生亲自登门致歉。

诸葛亮复学后,学习更加勤奋努力,对老师更敬重了。水镜先生看到他知错能改,又聪明过人,就把自己的知识全部传授给了他。

人生箴言

师也者,犹行路之有导也;友也者,犹陆险之有助也。

——唐甄《潜书·讲学》。

成长启示

有了老师,就好比走路的时候有了向导;有了朋友,就好比攀登险峰的时候有了帮手。

第四章
给自己一个笑脸

当我们面对困惑，面对无奈时，我们多么需要给自己一个笑脸呀！

给自己一个笑脸，让自己拥有一份坦然；给自己一个笑脸，让自己勇敢地面对艰难，这是怎样的一种调解，怎样的一种豁达，怎样的一种鼓励啊！

独步人生，我们会遇到种种困难，甚至于举步维艰，甚至于悲观绝望。征途茫茫有时看不到一丝星光，长路漫漫有时走得并不潇洒浪漫。这时，给自己一个笑脸，让来自于心底的那份执著，鼓舞自己插上长风的翅膀，过尽千帆；让来自远方的呼唤，激励自己携着生命，闯过难关。

因为——只要心中的风景不调零，即使在严寒的冬季，生命的叶子也不会枯黄。

人活着，总免不了遇上挫折，遇到风险，哪怕面临再大的灾难，也不要忘了给自己一个诚实而坚强的笑脸。这样，勇气就会延长，痛苦就会缩短。

战胜苦难,首先要战胜自己;战胜自己,就要有一个执著的信念。只要信念不老,人生就会在追求中永驻春天。

给自己一个笑脸,让自己不再孤单。

给自己一个笑脸,生活的目标不再遥远。

谁也不至活得一无是处,谁也不能活得了无遗憾。

——读书札记

一字之师

李相是五代福建寿州人,唐代曾官居大将军,以勇力谋略名闻天下。他识字不多,却偏偏喜爱读书,入境之后便不觉开口朗诵,但时常读错字,旁边侍候的小吏常不自觉为之动容——好笑又不敢说。

有一次,李相发现小吏脸上的表情变化,便问:"你也读过这本书吗?"

小史赶快回答:"小人读过一点。"

"那为什么当我一读到'蜡'时,你神色就很奇怪?"李相有点儿不高兴。

小吏见状,赶快跪下道:"我的老师教我读《春秋》,将叔孙蜡的'蜡'读成'错',我一直以为是对的。现在听大人如此读,才知道原先我都读错了,因此心里很不自在。"

李相听了小吏的解释,心里顿起疑惑:"究竟是他的老师教错了呢,还是我读错了? 我从没有进过学校,没拜过老师,都是自己查辞典自学的,很可能就是我读错了。"

"蜡"这个字,李相是照陆德明的《经典释文》注音读的。他赶快从书橱里取出那本书,给小吏看。小吏一看就明白了,原来是将军把注音的字形看错了,小吏于是便委婉地指出错误的原因。

李相立即从座位上站起,将小吏按到平日他坐的椅子上。

那小吏慌得赶快从座位上跳起:"大人,使不得,不能这样啊!

有什么事吩咐小的去做就是。"

李相整了整衣冠,站南面北,对小吏躬行了拜师礼,称他为"一字之师"。

以后,李相一碰到读不太准的字,都会虚心地问那小吏。小吏非常佩服将军不耻下问的好学精神,将自己从老师那里学来的所有知识,都毫无保留地教给李相。

李相不以名分之别自以为是,尊重真理、潜心治学的态度令人佩服。

人生箴言

善教者则不然,视徒如己,反己以教,则得教之情也。

——《吕氏春秋·孟夏纪·诬徒》

成长启示

会教育学生的老师,对待学生像对待自己一样,把自己放在学生的地位上来教育学生,这样就掌握到教育的实情了。

钟隐求师宁为仆

五代时,有一个名叫钟隐的画家,虽然善于画鹰、鹞等猛禽,但由于没有名师指点,画技提高较慢。后来,他听说郭乾晖技法高超,就想去拜他为师,可郭乾晖从不收徒。

后来郭乾晖病了,大小便也需要仆人护理,钟隐便易名换姓进入郭家为仆从。

不久郭乾晖的病好了,他又开始作画了,他看钟隐忠诚老实,就让他在画室里研墨、理纸。这样钟隐可以经常看到郭乾晖作画,时间久了,他学到了不少绘画技法。

有一天,钟隐实在手痒难耐了,就在自己的居室墙壁上画了一只鹞子,其笔路技法是从郭乾晖那里学到的。正当他为自己的进步沾沾自喜的时候,不料被别的仆人报告了主人。郭乾晖赶来一看,虽然笔法单一,但出手不凡,若不是有相当功底的人,是画不了这样好的。于是他就惊疑地问:"你莫非是善于画鹰、鹞的钟隐?"钟隐便告知了原委。郭乾晖感其心诚,收其为徒。

钟隐果不负师恩,终成名家。

人生箴言

君子如欲化民成俗,其必由学乎。

——《礼记·学记》。

成长启示

一个国家的领导如果要教化百姓,培养一方民俗,必须兴办教育,使其学习,才能达到目的。

宋太祖尊师

宋太祖赵匡胤生于官僚世家,自幼受到良好的教育。

匡胤学习用功,又尊敬师长,深得老师辛文悦喜爱。一天,辛老师在讲台上打盹,几个顽皮的学生捉了两只螳螂放在他的肩上。匡胤见了,十分气愤,上前轻轻把螳螂捉起。辛老师正好醒来了,他见匡胤手里捏着螳螂,就生气地说:"你给我出去。"赵匡胤只得含泪而别。

后来,辛老师了解到事情的真相后,自责地说:"老师错怪你了,你是个好学生。"从此,辛老师更加耐心地教导匡胤,匡胤也更加用功地读书。

赵匡胤当了皇帝,史称宋太祖。他即位之后,开辟儒馆,用了一大批有学问的读书人,让他们培育人才。宋太祖在百忙之中,不忘先生赐教,特意将启蒙老师辛文悦请到朝中。辛老师一见宋太祖就要行君臣之礼,宋太祖急忙阻止:"请不要这样,老师,我当了皇帝仍是您的学生,今后我还要向您请教呢!"辛老师听了,感到非常高兴与欣慰。赵匡胤一生尊师重教,勤学慎思,终成一代英主。

人生箴言

文学之于人也,譬乎药。善服,有济;不善服,反为害。

——皮日休《鹿门隐书》。

成长启示

书籍对于人,好比是药。正确服用,则有益;不能正确服用,反而会造成损害。

程门立雪

宋代"二程"——程颐、程颢兄弟二人以才学深得世人称誉,天下好学之士都来求教,一时学者云集,门庭若市。众多学生中,以杨时等四人最为有名。

杨时当时已是进士,但为了求学,他主动放弃了做官的机会,拜程颢为师。他学习用功,又很有见地,程颢非常喜欢这个学生。杨时学成后要回福建老家,程颢一直送他到大路上。望着杨时远去的背影,程颢含泪言道:"我讲的道也跟着他去南方了!"

四年后,程颢病故。杨时听到老师不幸去世的噩耗,伤心得顿足哀号。杨时在屋子里摆设了恩师的灵位,每日祭拜。他含着悲痛,连夜写信通知同学们,让他们可以一起共同缅怀老师的恩德。

程颢死后,杨时又到洛阳拜程颐为师,而此时他已过不惑之年。

一天,他和学友游酢去拜访老师。不巧,程颐正在休息,他们不愿打扰老师,便悄悄地站在门外等老师醒来。

不久,天阴,大雪纷纷扬扬而下。杨时和游酢冻得直打寒战,却不敢跺一下脚驱寒。门虽虚掩着,但他们不愿进去躲一躲。

过了许久,程颐才从睡梦中醒来,他从椅子上站起推开门,见门外大雪纷飞,地上积雪竟有一尺深。而此时,门外忽有声音响起:"老师,你醒了? 我们可以进来吗?"程颐这才发现杨时、游酢像两个雪人站在门口……

做/优秀的/自己

程颐面对两个爱徒感动非常，从此更加倾自己所学以助杨时的学业精进。

人生箴言

得道者多助，失道者寡助。寡助之至，亲戚叛之；多助之至，天下顺之。

——《孟子·公孙丑下》。

成长启示

遵守道义的人，得到的帮助就多；不遵守道义的人，得到的帮助就少。帮助少到极点，亲戚都背叛他；帮助多到极点，天下人都归顺他。

134

甄宇挑羊拣瘦弃肥

甄宇是东汉时期在京城洛阳的太学里任教的一名博士。

有一年新年将至,皇帝派人来到太学宣读诏书,说要赏给博士们每人一只羊,好让大家欢欢喜喜地过新年。

一天,甄宇听说羊赶来了,急忙和同事们去看。只见羊大小不等,肥瘦不均,其中只有几只羊长得又大又肥壮。

有的博士埋怨说这些羊太瘦了,简直是一把骨头;有的博士建议卖掉分钱。

博士们意见很不统一,太学的长官也不知道如何是好。但是羊既然赶来了,不分不行;分又不知如何分法。想来想去,不知怎么办才好。于是,长官让大家出主意。

博士们踊跃献计献策,有人建议把羊全宰了,按斤两称比较公平;有人反驳说这样费时间,不如抓阄,但后来抓阄的方法也被否决了。

大家七嘴八舌嚷了老半天,仍然没能达成一致意见,长官越来越着急,担心难以交差。

正在僵持不下时,甄宇喊了一声:"让我先挑吧!"

甄宇说着走进羊群中,大家都很担心他把又大又肥的羊挑走,所以把眼光一齐投了过去,看他究竟挑什么样的羊。只见甄宇在一只最瘦、最小、最不起眼的羊跟前停了下来,告诉长官,他就挑这只。

博士们悬着的心都放下了，旋即大家的脸都羞红了。有个博士也学甄宇，从羊群中挑了一只瘦小的羊。博士们看到这种情景，都纷纷奔向羊群，挑拣又小又瘦的羊，剩下又肥又大的几头羊，谁也没有动。

事后，长官走到甄博士身边，问他为什么要挑最小最瘦的羊。甄博士笑了笑说出了母亲经常教导他的一句话："凡事不要只想到自己，要先考虑别人。"他还说，谦让是把问题妥善处理好的保证。

人生箴言

> 圣人一视同仁，笃近而举远。
>
> ——《韩昌黎集》卷十一《原人》。

成长启示

圣人一视同仁，对亲近者诚恳，对疏远者也同样诚恳。

宽猛相济

　　诸葛亮出山辅佐刘备时，任军师。刘备建立蜀汉政权后，诸葛亮一直任丞相，被封为武乡侯，鞠躬尽瘁，为蜀汉事业付出了全部精力。

　　治理蜀汉之初，诸葛亮崇尚严刑峻法。他主张加强中央集权，打击分裂割据势力，并制定了《蜀科》，作为蜀汉的法典，执法严明。

　　这些措施引起了一些人的非议，尚书令、护军将军法正建议推行温和的政策，他上书诸葛亮说："从前汉高祖刘邦进入关中时，曾经约法三章，秦国百姓懂得了德政。希望您能逐步放松严刑峻法，以抚慰蜀汉百姓的愿望。"

　　但是诸葛亮认为，蜀汉的情况同当时刘邦平定三秦时大不一样，不能作为对比。他说："秦国推行严酷的暴政，使百姓怨声载道，不堪忍受，揭竿而起，使天下大乱，汉高祖有鉴于此，推行宽大政策。刘璋治蜀软弱昏庸，德政推行不了，刑法不严，造成君臣关系逐渐被颠倒。现在我用严刑峻法，法治推行了，人们便知道什么是恩德，再以官位加以限制，得到了官位，人们便知道什么是荣耀。荣耀和恩德并施，君臣关系明确，才是最重要的治国之道。"

　　刘备死后，其子刘禅继位，称为"后主"。为了协助刘禅治蜀，诸葛亮精简官僚机构，明确制定了法规，集思广益，以软硬两手治国。

　　为了稳定蜀汉政权，诸葛亮决定出兵云南、贵州和四川交界地区,讨伐雍阊叛乱。出发前,参军马谡对诸葛亮说:"那个地方凭地势险要,早就有了叛逆之心;今天被征服,明天又会翻脸……用兵的道理在于攻心为上策,攻城为下策;心战为上策,兵战为下策。只愿您能使他们心服。"

诸葛亮接受了这个正确的建议,以柔克刚,恩威并重,用强硬手段七次抓住孟获,又以仁慈之心七次释放了孟获,从而平定了西南少数民族地区,为稳定蜀汉政权奠定了基础。

此后,诸葛亮继续将宽猛相济的方法推行到治理蜀汉中去,取得了很好的成效。

人生箴言

虽有尧之智,而无众人之助,大功不立。

——《韩非子·观行》。

成长启示

虽然具有像尧那样高深的智慧和才能,但是如果没有众人的支持,也不可能建立起伟大的功勋。

消嫌同心

刘秀起义不久,率军来到河北,这时他的势力很弱,而河北正处于群雄并立、相互争夺的态势。其中占据邯郸的王郎兵力强盛,声势大大超过刘秀。他以十万申侯的价格来悬赏捉拿刘秀,在与刘军的正面交锋中,多次打败刘军。但刘秀有勇有谋,经过艰苦不懈的努力,最后终于反败为胜,消灭了王郎。

攻占邯郸后,汉兵从王郎府邸中搜出大批档案,包括大量信件,其中有几千封是刘秀的部下当初暗地里与王郎来往的物证。士兵带着这些信件送到刘秀处,请他定夺。刘秀一眼也不看,下令当场焚毁,说:"不要让这些信使我们内部发生隔阂,谁的心都是肉做的,我善待他们,怀过二心的人就会一心一意地跟随我了。"

同样的事情在东汉末又重演一次,这次的主角是曹操。曹操与袁绍在河北交战,一次战役后,曹兵缴获袁绍大批文件,其中发现不少是曹操部下与袁绍暗中来往的信件。这下把柄在握,有人请求曹操说:"我们应该乘此追出内奸,否则事情会很不利。"

曹操却下令把这些重要的信件全部烧掉,他对众人说:"我这样做,是有道理的。当时袁绍兵多将广,声势浩大,看起来很是一支劲旅。而我军势力微弱,地盘不稳,的确不能给人必胜的信心。这种敌强我弱、胜负未分的时候,连我本人都搞不清自己能否得以保全性命,何况各位将领呢? 这是难免的。人有求生的本能,有些胆小的人给自己寻条后路,暗中跟袁绍通通气,算不得什么大事,不必追究了。"信件终于全数被烧掉,很多人对曹操敬佩得五体投地、心悦诚服。

人生箴言

善学者,师逸而功倍,又从而庸之;不善学者,师勤而功半,又从而怨之。

——《礼记·学记》。

成长启示

善于学习的人,老师教起来轻松不费力并能事半功倍,学生更把功劳归于老师教导有方;不善于学习的人,老师教起来很辛苦却事倍功半,回过头来,学生反而埋怨老师。

外举不避仇

唐朝中期,唐玄宗正在大殿上召集大臣商议对策,以期平定安史之乱。众大臣面面相觑,束手无策,只有一老臣斗胆献上退兵之策,并建议让朔方节度使(总揽一区军、民、财政)郭子仪统兵征讨。

唐玄宗接见郭子仪并听取了他的平叛之策,对郭子仪的文韬武略甚为满意,还请他推荐一位能干的将军统兵去河北平定叛军。郭子仪想到自己在朔方(今宁夏灵武市西南)当将军时的同仁李光弼,不过两人脾气不和,关系一直比较紧张。郭子仪为大唐社稷的安危和朝廷急需人才着想,还是向唐玄宗推荐了李光弼。

朝廷的任命下来了,李光弼向家人作了最后的交代。家人很敬佩李光弼这种"国家危难,将士当先"的勇气,同时也为李光弼是郭子仪推荐的所担心,害怕这是郭子仪借刀杀人之计。

出征那天,李光弼陪同郭子仪检阅队伍。李光弼当面就问:"末将多次冒犯大人,请问为何推荐末将担此重任,该不是想把末将推向前线当盾牌吧!"郭子仪一听就知道李光弼心存芥蒂,误会自己了。他眼含热泪说:"眼下叛军猖獗,百姓遭殃,社会安定受到破坏,朝廷特别需要有能力的将领去统军讨伐。你我同在朔方镇当差时,虽关系不和,很少来往,但我赏识将军的为人和才华,所以竭力推荐给朝廷,想给将军一个报国立功的机会,即使退一万步讲,我也不会为意见不同而加害于你吧!"郭子仪的肺腑之言,使李光弼顿感自己矮了一截,他忙向郭子仪行礼赔罪。郭子仪拉住李光弼的手,希望他率军多收复失地,早传捷报。

常山战役,郭子仪和李光弼协同作战,大获全胜。郭子仪不但为李光弼向朝廷请功,而且调拨自己的一万人马归李光弼指挥,帮助他扩大战果,并教育自己的部将要有全局观念。

叛将史思明率领人马与郭子仪所部狭路相逢,郭子仪采用避实就虚的战术,占领有利地形,筑垒挖沟建营,白天闭营不出,夜里出来偷袭,搞得叛军疲惫不堪。史思明的主力不但没能围困、消灭郭子仪的唐军,反而被郭子仪的军队牵制住了。正在史思明束手无策之时,副将来报丢失战马千匹,史思明暴跳如雷,他杀鸡给猴看,下令把副将推出去砍了,声嘶力竭地命令部将明天一定要攻下唐军大营。

第二天,太阳刚刚冒头,叛军就向唐军大营发起猛烈的进攻。他们用长梯跨过了唐军挖的深沟,人多势众的叛军像潮水一般向唐军防守的旧城冲去。郭子仪率部利用城墙进行顽强抵抗,唐军将士和攻城叛军展开了殊死搏斗,一直坚守到天黑。

后来郭子仪和李光弼的军队同时出击,叛军被打得丢盔卸甲,伤亡无数。史思明自己慌乱之中从战马上跌了下来,要不是他儿子赶到,差点就当了唐军的俘虏。

郭子仪和李光弼求同存异,相互配合,为粉碎安史之乱作出了巨大的贡献,人们合称他俩为"郭李"。

人生箴言

> 与朋友交,言而有信。
>
> ——《论语·学而》。

成长启示

> 同朋友交往,说话要诚实守信。

管鲍分金

管至父的侄儿叫管仲,相貌魁梧,气宇轩昂,而且博学多识,很有雄才伟略。

他有个好朋友叫鲍叔牙,俩人曾一起做生意,管仲的资金少,但赚了钱后,管仲多拿一份利润,鲍叔牙手下的人忿忿不平,都说管仲贪心,占人家便宜。鲍叔牙却袒护说:"话不能这么说,他家里穷困,比我缺钱,我心甘情愿多分点利润给他。"这就是"管鲍分金"的由来。

他们俩也一起打过仗,每次出兵,管仲总是躲在后头;退兵的时候,他却跑在最前头,人们都笑他贪生怕死。

鲍叔牙再次为他辩解,说:"老实说,像他这么有勇气的人,天下还很少呢! 只因为他母亲年迈,又缠绵病榻,他当然得好好保命来奉养她,他哪儿是真的不敢打仗呢?"管仲听了这些话,感叹地说:"唉! 生我的是父母,但了解我的,只有鲍叔牙啊!"于是他们结为生死之交。

当齐襄公荒淫暴虐的时候,他的两个兄弟害怕遭到迫害,都躲到外婆家去。他们之中,一个叫公子纠,是鲁国的外甥;一个叫公子小白,是莒国(在山东省莒县)的外甥。公子纠拜管仲为师,公子小白则是拜鲍叔牙为师。这两个好朋友,各协助一个公子投奔到外婆家。连称和管至父杀死齐襄公时,管仲和公子纠正在鲁国,公子小白和鲍叔牙则正在莒国。公孙无知派人前往鲁国召请管仲,管仲心想:"他们连自己的位子都保不住,还想拖累别人!"就毫不客气地拒绝了。不到一个月,他听说公孙无知、连称、管至父先后被齐国的大臣们杀了。几天后,齐国的使臣前来,说大臣们派他来接公子纠回去即位。于是鲁庄公亲自率兵,令曹沫为大将,护送公子纠和管仲回齐国。管仲禀告鲁庄公说:"公子小白在莒国,距离齐国不远,万一他抢先一步进入齐国就麻烦了。依我看,还是让我先带领一队人马拦截他吧!"鲁庄公按照他的意思拨了三十辆兵车给他。

管仲领着兵车马不停蹄地往前走,到了即墨(在山东省平度县东南),听说莒国的兵马已经过去了,就拼命往前进,一口气赶了三十余里路,两个好朋友和两国的兵马终于碰上了。管仲见公子小白坐于车内,就上前鞠躬说:"公子近来好吗?要到哪儿去呀?"小白说:"回国办丧事。"管仲说:"您上面还有一个哥哥,这件事就交给他办吧!免得人家说您闲话。"鲍叔牙虽然是管仲的好朋友,但是他为了主人,就横眉竖眼地说:"管仲,你少说废话!各人有各人的事,你管不着!"一旁的士兵也摆出不友好的姿态,随时准备动武。管仲假装要离去,却不声不响地弯身搭箭,对准公子小白,嗖的一箭射过去。小白嚎叫一声,口吐鲜血,倒在车上,鲍叔牙连忙上去救他,但已来不及了。大家见公子遇害,齐声恸哭起来。管仲头也不回地带着人马快马加鞭飞奔而去。跑了一段路,想到公子小白已经死去,公子纠的君位已经稳如泰山了,就放慢步伐,轻松悠闲地护着公子纠往齐国去。

谁料到管仲射中的只是公子小白的带钩,公子小白当时虽然吓了一跳,但他急中生智,怕管仲再射来一箭,就故意大叫一声,咬破舌尖弄得满嘴是血,倒在车上装死。等管仲走了,他才睁开眼睛,长吸一口气。鲍叔牙于是吩咐大家抄小道走捷径,挥鞭疾驰,赶在管仲他们之前到达了临淄。鲍叔牙用其三寸不烂之舌,赞美公子小白的贤能,同大臣们争论着要立他为国君。有些大臣说:"已经派人到鲁国去接公子纠了,怎么可以立别人呢?"有的说:"公子纠比较年长,照理应该立他。"鲍叔牙说:"齐国连闹了两次内乱,再不立一个贤德兼具的公子,齐国的太平远看就遥遥不可及了。更何况,如果在鲁国的帮助下立公子纠,他们一定会索要谢礼。从前郑国就是让宋立了子突,宋国才三番两次向他们索谢礼,搞得郑国国库空虚,兵战数年。我们难道要重蹈郑国的覆辙吗?"大臣们听了这番话,觉得很有道理,就立公子小白为国君,就是齐桓公。另外还派人去对鲁国说,齐国已经有了新君,请他们别再送公子纠回来。可是此时鲁国的兵马已经到达齐国的边界。齐国马上出兵去阻拦,鲁庄公气极败坏,就跟齐国人动起了干戈,没想到竟在乾时(齐地,在山东省临淄县西南)被打得落花流水,急急逃命,大将曹沫还差点儿命丧黄泉。鲁国的兵马败阵下来,连鲁国汶阳(在山东省汶阳县北)一带的土地也被齐国夺走了。

鲁庄公余恨未消,齐国又兵临鲁国边境,强迫鲁国杀死公子纠,并把管仲交出来,否则只好兵刃相向。鲁国惧怕齐军,只得一一照办。谋士施伯的使者说:"管仲是天下奇才,如不能留在鲁国效命,最好杀了他。"齐国的使者说:"他射过国君,国君恨他入骨,不亲手杀了他,难解心头之恨。"鲁庄公就把公子纠的头颅和活着的管仲,交给齐国的使者带回国。管仲坐在囚车里左思右想:"让我活着回去,一定是鲍叔牙的主意。万一鲁侯后悔,派人追杀,我就没命了。"

他于是就在路上编了一首歌,教随行的人哼唱。他们边唱边赶路,越走越起劲,忘了路上的辛苦。结果,预计两天的行程,一天就赶完了。后来鲁庄公果然后悔了,但等他派人去追时,他们早已离开了鲁境。管仲到了齐国,好朋友鲍叔牙率先前去迎接他,还再三把他引荐给齐桓公。齐桓公不悦地说:"他用箭射我,差点要了我的命,我恨不得吃他的肉剥他的皮,你还叫我重用他?"鲍叔牙说:"当时他是公子纠的手下,当然得帮着他,否则他不是不忠吗?他满腹经纶,又有雄才伟略,是罕见的人才,主公要是重用他,他必能帮您经营齐国,使您称霸诸侯。"齐桓公听信了鲍叔牙的话,就命管仲为相国。

人生箴言

> 与其无义而有名分,宁穷处而守高。
>
> ——宋玉《九辩》。

🕊 成长启示

> 与其没有道义而徒有虚名,还不如处于困境而保持高节。

🌿 东道主人 🌿

春秋时代,晋国公子重耳,逃亡到郑国时,郑国曾把城门关起来,不让他进去。后来重耳回国做了国君,一直忘不掉这件事情,时刻想要报仇,就约秦国共同出兵攻打郑国。郑文公很害怕,派烛之武劝说秦穆公退兵。秦国将士不准他进去,他便在城外放声大哭起来。兵士们把他抓到秦穆公面前,问他为什么哭,他说:"我为郑国哭同时也为秦国哭,郑国在晋国的东边,秦国在郑国的西边,郑国一亡,晋国更强大,秦国就显得弱了。帮人家攻打别国的土地,反而削弱自己国家的力量,聪明人是不会做这样的事的。"

秦穆公听了,吃惊起来,连声说道:"对,很对!"

烛之武又说:"要是秦国现在肯撤兵解围,郑国就脱离楚国,像臣子一样服侍秦国。如果让郑国作为秦国东边道上的主人,那么,也可以供应秦国人旅行来往中缺乏的东西,对你也有益无害呀!"穆公听到这里,十分高兴,便同郑国订立盟约,派将军杞子、逢孙、扬孙三人去郑国驻防,自己带着大军秘密回国。晋国因秦国背盟,不得不撤兵,郑国之围因此被解。

☀ **人生箴言**

> 海不辞水,故能成其大;山不辞土石,故能成其高。
>
> ——《管子·形势解》。

🕊 **成长启示**

> 大海不嫌弃任何水流,因此能成就它的宽广;高山不拒绝任何泥土石块,因而能成就它的高大。

东家之丘

东汉时候,有一位著名的学者,名叫邴原,当时跟随他学习的弟子有几百人。邴原一不做官,二不攀高结贵,以学识和品格著称于世,很受人们的仰慕。

邴原少年时代很苦,十一岁时父亲就死了。家里一贫如洗,他又是孤儿,生活十分艰难。邴家的邻居是一位教书先生,一天,邴原边哭边经过他的家门。先生见邴原哭得伤心,便问:"喂,为什么哭呀,快告诉我!"

"我看别的孩子跟你读书真羡慕,但是我没有父兄,交不起学费,不能跟你读书,所以很伤心……"

先生被他的求学精神感动了,便安慰他说:

"只要你有志气,肯下功夫学,我不收你的钱,你明天就过来读书吧!"

邴原学习很用心,一冬之间就背诵完了《孝经》、《论语》,先生很喜欢他。

几年之后,邴原长大了,便想离开家乡到外地投拜名师。他积攒了一点旅费,背上书袋,投到安丘县的孙崧门下,孙崧推辞说:

"邴原啊,不是我不肯收下你,只是我实在是不合适呀,你的家乡就有一位著名的大学者郑玄,他住在高密县,和你家同属青州。郑玄纵览古今,博闻强识,是当今学子的楷模。你却舍弃他而跋涉千里跑到这来,岂不是像从前孔子的邻居一样,不晓得他的名气,只认识他是东家的那个'丘'吗？如今你不也是把郑玄看做是当年'东家之丘'了吗？"

邴原辩解说："先生之言确实是苦口的良药，但您没有理解我的心意。人各有志，所追求的东西不一样，所以才会有登山采玉的，有入海采珠的。你能说登山的人不知道海的深浅，入海的人不知道山的高矮吗？先生说我将郑玄看成了东家丘，那一定以为我是西家的愚夫啦？"

"不，不，"孙崧连忙解释，"你们那里的许多人我都认识，不过没有像你这样的求学者。你有很高的志趣，我不如你呀，不如我送你一些书，你另请高明吧！"

邴原只好收下赠书，告辞孙崧，另外求学去了。

人生箴言

> 爱而知其恶，憎而知其善。
>
> ——赵谦《造化经纶图》。

成长启示

> 明智的人，能够看到所爱的人身上的缺点；也能够看到所憎恶的人身上的优点。